Berlin Hauptbahnhof
柏林中央火车站

罗兰德·霍恩（Roland Horn）◎著

尹学军　高星亮　高　洁◎译

中国铁道出版社

CHINA RAILWAY PUBLISHING HOUSE

北京市版权局著作权合同登记　图字:01－2011－0846

图书在版编目(CIP)数据

柏林中央火车站/(德)霍恩(Horn,R.)著;
尹学军,高星亮,高洁译. —北京:中国铁道出版社,2012.7
　ISBN 978-7-113-13737-3

　Ⅰ.①柏…　Ⅱ.①霍…②尹…③高…④高…
Ⅲ.①铁路车站:客运站—建筑设计—柏林　Ⅳ.①U291.6

　中国版本图书馆 CIP 数据核字(2011)第 214101 号

Berlin Hauptbahnhof @ 2006,Nicolaische Verlagsbuchhandlung GmbH,Berlin

书　　名:**柏林中央火车站**

作　　者:[德]罗兰德·霍恩(Roland Horn)

译　　者:尹学军　高星亮　高　洁

责任编辑:郑媛媛　　**电话**:010－51873179
封面设计:王　岩
责任校对:张玉华
责任印制:赵星辰

出版发行:中国铁道出版社(100054,北京市西城区右安门西街8号)
网　　址:http://www.tdpress.com
印　　刷:北京盛通印刷股份有限公司
版　　次:2012年7月第1版　2012年7月第1次印刷
开　　本:850 mm×1 168 mm　1/16　印张:11　字数:264 千
书　　号:ISBN 978-7-113-13737-3
定　　价:200.00 元

序　言

西南交通大学副校长　蔺安林教授

一个城市火车站的演变，往往是这座城市工业化发展的写照。作为世界上铁路系统最为发达的国家之一，德国为推动该国铁路运输发展，在不同历史时期火车站扮演了各种重要角色，同时见证了许多重大历史事件的发生。在总结各国铁路发展及站场建设的经验基础上，柏林中央火车站以其不可替代的交通枢纽地位、城市规划的重要角色、大型建筑设计艺术和建造技术的典范作用成为现代化铁路客站的集大成之作。

罗兰德·霍恩通过长达8年的跟踪拍摄，从各个视角观察记录了柏林中央火车站这项伟大工程的实现，并结合德国乃至世界铁路客站的发展沿革，比较、思考了其中的得失后撰写此书，该书引用资料翔实，叙述严谨，图片丰富，将工程科学与艺术的视角完美结合，是一部上佳之作。

近年来，在铁道部"以人为本，综合体现功能性、系统性、先进性、文化性、经济性"的客站建设理念指导下，我国也相继建成一批大型综合铁路客运枢纽，是新时期铁路网建设的重大成就。但充分吸取发达国家的先进技术和设计经验，特别是学习德国铁路客站严谨、系统的工程建设理念，对我国当前的铁路建设仍然大有裨益。

尹学军教授和他的团队为了将柏林中央火车站先进的建设经验介绍到我国，不辞辛苦地对该书进行了翻译。尹教授曾负笈德国并在那里工作多年，对该国的工程建设情况有深入了解，从他给我的手稿看，译文字字珠玑，反复推敲，体现了他严谨细致的学术风范。

最后，相信这本书的推出，会有益于广大读者，有助于我国铁路建设。

译者的话

2006年5月26日,德国柏林中央火车站落成剪彩。这座历时11年、耗资7亿欧元、建筑面积17.5万平方米的五层钢结构玻璃建筑,已成为欧洲最大的现代化火车站。火车站位于柏林市中心的施普雷河河畔,毗邻总理府,离著名的帝国议会大厦、勃兰登堡门和菩提树大街仅有十几分钟的路程。

柏林中央火车站占地1.5万平方米,位于南北和东西铁路的交叉点上,是一座大型综合性立体换乘中心。每天将有近500列高铁、800列轻轨列车和1 000列地铁列车进出,可接送30万名乘客。主体结构由换乘中心和双塔楼组成。换乘大厅上下5层且相互贯通,最上面一层为标高10米长450米的东西向高架站台,可同时停靠东西方向开行的4列高铁和城际列车以及2列市区轻轨列车。最下面一层为标高负15米的4个南北方向的地下站台,用来停靠南北方向开行的高铁和城际列车,并且与同一层的地铁和轻轨直接相连。中间三层为换乘层,有各种商店和服务设施,各层之间通过54部自动扶梯43部直梯和6部观光电梯相连。换乘大厅的设计实现了最短距离转车,旅客最多只须走一列火车的长度。

在柏林中央火车站的建设过程中,摄影师罗兰德·霍恩伴随拍摄达8年之久。本书不仅用精美的照片展示了这座设施完备、外观美丽的中央火车站,更多地反映了建造历程。激动人心的建设场景体现了建设者工作的艰辛,某些细节描述透露了"德国制造"这一誉满全球的品牌背后隐藏的严谨工作态度,如为了保证基础的施工质量,某些施工阶段由潜水队在20米的水下全程24小时进行观测。柏林中央火车站建于原勒尔特火车站的旧址上,本书还回顾了原勒尔特火车站及柏林市轨道交通的历史,同时为了对比,还介绍了其他一些世界上著名的火车站建筑。

本书由尹学军、高星亮、高洁翻译,由郭爱成校对。译者曾在德国学习工作多年,多次在柏林中央火车站换乘,充分感受到了中央火车站建筑设计之完美、施工质量之细腻、换乘服务之方便,处处体现了科技以人为本、人与自然和谐的理念。为了保证翻译的准确性,译者还专门对柏林火车站进行了现场考察。希望能借此书的翻译与出版,与国内广大轨道交通建设者一起分享该项目的经验,或抛砖引玉,或可借他山之石。当然该项目建设长达11年之久,无法与国内日新月异建设速度相比,相比之下也可以看出我国集中力量办大事、建设效率高的优越性。

由于译者的水平有限,书中难免存在瑕疵和错误,恳请广大读者批评指正。

目　录

古老的柏林勒尔特火车站
——建设、运营、拆除及其传奇故事

阿尔弗雷德·葛德华

莫阿比特区勒尔特火车站之回顾

在德国第一条铁路——纽伦堡至菲尔特铁路——建成仅3年之后的1838年10月,一辆不起眼的蒸汽火车从最早位于柏林波茨坦广场旁边的"波茨坦火车站"缓缓驶向东南方向的普鲁士都城。从此,柏林的铁路不仅具有历史意义和政治意义,同时也富有令人印象深刻的建筑规划意义。和其他许多诸如伦敦或巴黎的大都会一样,没过多久,仅仅一座火车站已远远不能满足柏林交通运输的需要。因此,随后在普鲁士都城便建立了安哈特火车站(1841)、什切青火车站(1842)、法兰克福或西里西亚火车站(1842),汉堡火车站(1846～1847)。一段时间后又建起了格尔利茨火车站(1866),位于昆斯特林广场的第一座东站(1867),短命的德累斯顿火车站(1875)及1871年建成的勒尔特火车站。这些火车站大部分为私人投资,且是由不同的铁路公司建设的。自1882年开始,拥有多个长途火车站的柏林城市铁路作为东西方向的直径线开始运营。

大部分火车站的名字都很容易解释。然而,安哈特火车站的名字,并不像瓦尔特·本亚明童年时代所猜想的那样,与火车刹车有关

(译者注:德语中 Anhalt 有停车的意思),而是取自德绍周围的安哈特地区,勒尔特火车站的名字甚至取自于汉诺威王国的一座小村庄。但是,早在1843年,恩斯特·奥古斯特国王固执己见地把它规划为两条长途铁路(汉诺威至不伦瑞克和希尔德斯海姆至塞勒)的交叉点。长293.3千米的柏林勒尔特铁路的主段路,作为最后连接普鲁士都城的干线,于1868年年底建成。作为德国最大的私营铁路公司之一,马格德堡-哈尔伯施塔特铁路公司投资了这条新的路段,想把铁路从柏林延伸到汉诺威和科隆,从而在老资格的柏林-波茨坦-马格德堡铁路公司的垄断之下至少获得少量的利润。马格德堡-哈尔伯施塔特铁路公司必须比其竞争者又快又好又廉价地把大部分旅客和货物经由自己运营的铁路运送到目的地。从地图上可以很容易地看清穿越马格德堡或施滕达耳的这两条铁路的竞争局势,这一状况又持续了十年之久,一直持续到1879～1880年铁路实现国有化为止。甚至在1990年规划柏林与汉诺威之间的高速铁路新线时,还多次提到了同一个问题:是途径马格德堡还是施滕达耳?

从柏林经拉滕诺、施滕达耳和厄比斯费尔德至汉诺威的新铁路不应在不伦瑞克,而是在

勒尔特与现有的去往明登和科隆的铁路衔接，勒尔特火车站的名字由此而来。因此，这一路段的名字也是在建设中从并非无足轻重的交通枢纽勒尔特的衔接中引申而来的。其原因是，自1866年以来"汉诺威"这个名字在柏林并不受欢迎：在德国战争中，韦尔夫王国与奥地利联合攻打普鲁士，但是以失败告终。韦尔夫国王不得不退位，汉诺威成为普鲁士的一个省份。

在拟定柏林至汉诺威附近的勒尔特轨道交通方案时，特别是在1863年以后，银行家戴维·汉泽曼及其委员会脱颖而出，当然也出现了许多新创办的铁路公司，以竞争其开发权。在这一高度繁荣的时期，铁路是为了那些在波茨坦新兴的股份公司而建设的。马格德堡－哈尔伯施塔特铁路公司想成为柏林至勒尔特双轨铁路的建造商和运营商，但是由于建设投资增加，其资金需从柏林廉价物品公司和柏林商业公司的新股东和传统的萨穆尔·勃莱赫罗埃德银行，以及谢克勒兄弟银行和约瑟夫·雅克银行获得。最后于1867年6月12日，依照敕令办理了从柏林经过施潘道、拉滕诺、施滕达耳和加尔德勒根至勒尔特的铁路建设许可，以及从施滕达耳经过萨尔茨韦德尔到于耳岑最终到不莱梅港的铁路支线建设许可。

当年的柏林勒尔特火车站建在了城市西北方向的施普雷河畔的草坪上，也就是之后所寻找的遗址所在地，离1846年投入使用的汉堡火车站（由建筑师纽豪斯、霍尔茨和阿诺尔德设计）与施普雷河的洪堡港口并不远。两座火车站向西的铁路线一直平行延伸到施潘道。大量来自勃兰登堡州的船只运载着砖瓦在港口靠岸，这些砖瓦主要是用于廉价出租房的建设，形成了一幅脏乱不堪的景象。在不久之后成为莫阿比特居住区的施普雷河区域，也就是一直到1920年仍然作为独立城市存在的夏洛滕堡对面的右河岸，从1861年开始才属于柏林辖区。柏林西北郊区曾经——按照卡尔·贝德克尔的旅行笔记《柏林及其郊区》中的记载，"以前只是无关紧要的地方，是工厂和底层民众的娱乐场所，……近十年来处于活跃的繁荣发展中"。实际上，1850年之前莫阿比特就开始建设大量的乡村别墅和郊外寓所。位于莫阿比特教堂街的工厂最早有皇家铸铁厂，1847年增加了奥古斯特·博尔西希新铸铁厂和机械制造厂。1887年又有了卡尔·巴勒大型牛奶厂，城市和市郊的每条街道上随处可以见到运输牛奶的车辆。

与柏林其他长途火车站不同的是，柏林勒尔特铁路的终点站不再位于征稽税收的城门之前。人们在首都西部边缘地区找到一处建筑用地，这里距离城市边缘施普雷河河谷的"翁德堡穆"地区不远，同样这里的商人也得缴纳国内货物税和交通税。在洪堡港西部的荒芜地带，自1719年开始建有一家火药厂，但是在1839年火药厂搬迁到施潘道附近。把这一地段出售给私人房地产开发商的打算已然停止，自1863年起，城市将该处留作火车站的建设用地。1868年7月11日，国王威廉，也就是以后的皇帝威廉一世，再一次颁布了敕令，目的是让火车站接待大厅"在有美感的前提下，其中心线要与洪堡港的河岸平行"（请参阅《柏林与柏林铁路》第一卷，第266页），以便使新火车站的立面朝南，正对动物园与勃兰登堡门。

在勒尔特火车站往西不远的地方，是在老火药厂边建成的莫阿比特监狱（1842～1849），该监狱位于勒尔特大街，并且还是一座"模范监狱"，也是著名鞋匠威廉·沃伊特（之后凭借《卡佩内克上尉》成名）曾经被关押的监狱。火车站向南一点，就是于1873年在国王广场新落成的胜利纪念柱，也就是1884年到1894年德国国会大厦建成的地方。靠

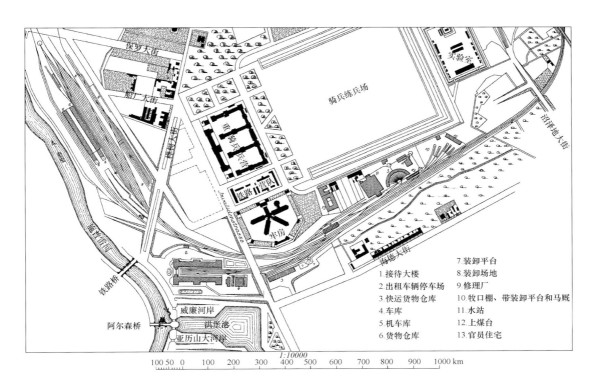

莫阿比特勒尔特火车站的位置图，约 1875 年前后

图中标注：

铁路桥　威廉河岸　阿尔森桥　洪堡港　亚历山大河岸

1:10000

100 50 0　100　200　300　400　500　600　700　800　900　1000 km

7. 装卸平台
1. 接待大楼　　　　8. 装卸场地
2. 出租车辆停车场　9. 修理厂
3. 快运货物仓库　　10. 牧口棚、带装卸平台和马厩
4. 车库　　　　　　11. 水站
5. 机车库　　　　　12. 上煤台
6. 货物仓库　　　　13. 官员住宅

北一点是阿尔森广场，曾经计划建设军队总参谋部，但一直没有建成。

勒尔特火车站的建设给周边地区带来了第一次繁荣。1879 年，在火车站大楼、茵瓦里登大街与老莫阿比特大街之间的空地举办的柏林产品博览会上，工厂主维尔讷·西门子展出了一辆极小的牵引机车，这也是世界上第一辆铁路电力机车。当时在柏林第一批电弧光灯也投入使用，柏林踏上了"电子城邦"的建设道路。1882 年，在位于城市铁路南面的锐角形地带上建造了全国性综合展览园（Ulap）及华丽的水晶宫，这里也是柏林举办大型艺术展的场所。自 1936 年 6 月 20 日起，综合展览园最终成为"德国航空博物馆"，其中藏有传奇水上飞机"德尼尔 Do-X"（由赫尔曼·戈林捐赠）。现在只剩下新火车站旁边的一条街，以其名字来纪念 1884 年的综合展览园。1889 年，在展览园边的茵瓦里登大街开放了一个拥有公共

天文台的"乌拉尼娅"科普协会会议中心。附近的莫尔特克大桥是在莫尔特克先生在世时于 1888 年至 1891 年建成的。毗邻的是 1892 年开放的圆形"霍亨佐伦美术馆"，美术馆自 1893 年 6 月就已经藏有一幅 150 米的"海上全景画"，从 1899 年起该馆改为"帝国殖民地博物馆"。这些莫阿比特的建筑几乎都不复存在。

柏林"勒尔特铁路中央火车站"

被后人称为"柏林火车站中的宫殿"的中央火车站于 1871 年 11 月 1 日开始投入使用。柏林勒尔特铁路接待大厅的建造者和设计师为阿尔费雷德·雷特（1836～1915）、贝托尔德·朔尔茨和戈特利布·亨利·理查德·拉·皮尔（1842～1893），他们在建造过程中并不需要顾及当时的"第一代"火车站建筑物。"他

3

们属于柏林市第二代建筑师和工程师"（乌尔里希·克林斯）。第一个柏林东站与大厅结构很相似，因此，约翰·威廉·希维德勒（1823～1892）有时也被称为大厅设计的创始人，他是普鲁士最重要的一个钢结构设计师。

第一个对勒尔特建筑加以描写的是建筑师西奥多·奎登菲尔特，1877年他在其著作《柏林及其建筑》中写道："接待大厅是一个非常宏伟的大厅建筑设计，在建筑设计师阿尔费雷德·雷特、贝托尔德·朔尔茨和拉·皮尔的领导下，于1869年秋天开工，并于1871年秋天完工。这个大厅有3个站台，5条轨道，并且5条轨道的尽头有一个横向站台。建筑占地面积共达14 883平方米。在大厅的两边各有一座辅助建筑，由行李托运室、休息室和运营室3部分组成。建筑缺少一个大的整体顶棚，所以在外面也可以从建筑学的角度看出这是一个大厅建筑。大厅建筑的顶部是一个加高的半圆，大厅顶部由23个弧形部分组成了长188米、宽38.29米的建筑空间。各部分之间相距5.66米、7.86米或12.58米。大厅最高点距钢轨顶面有27米之高。大厅顶部没有天窗，而是由卷曲薄锌板代替。采光由两侧的半圆形大型天窗及两端玻璃封闭的大门提供。建筑的外部形状为意大利文艺复兴鼎盛时期风格，由水泥砂浆建成，横角线和圆柱是例外，它们由砖块和砂石建造。截面图显示，旅客站台要低于相邻街道的标高，使其达到合理的高度，以便与大厅周围的十字街、茵瓦里登大街和桦树大街（现在的老莫阿比特）相衔接。"

1880年至1882年建成的勒尔特火车站的高站台与深置钢轨，对日后柏林城市铁路的建设起到了极大的作用，甚至到2002年仍保留的勒尔特城铁车站，与长途火车站的大厅垂直，屹立于轨道前部。这座"城堡"装饰着科林斯的圆柱，接待大厅的方形双塔式门上雕刻着

具有象征意义的人物，并挂着带有"马格德堡"和"哈尔伯施塔特"的标牌，暗指铁路公司。"汉诺威"这个词也能在雕刻上看到。由波纹板装饰的大厅内部显得很昏暗。大厅白天采光很少，只能通过开设在两边的无数个很容易弄脏的弧形窗和大厅两端玻璃封闭的大门来采光。

建筑历史学家曼弗雷德·贝格在1980年叙述德国火车站建筑史时，描述了勒尔特火车站的每一种元素："火车站的两个侧厅，东边的侧厅用于出发的旅客，西边的侧厅用于到达的旅客，这是传统的运输功能。大厅的端头和车辆驶入口，用高大雄伟的立面封闭。中间的纵向大厅向两边凸出并且扩大，北边突出部分的两个大厅作为运营室，南边被用作管理部门办公室，而车辆出发一侧为贵族休息室。东侧房有玻璃遮盖的通道，在这后面是行李托运处，两边分别是候车室和厕所。西侧房设立了行李提取处和接站厅。西侧房之外给旅客提供了出租车候车厅。"

大厅的两个巨型拱门形似桶形屋顶，仅提供建筑造型，并没有合乎道理的用途。给人们一种"可怕的错误信息"（乌尔里希·克林斯）的感觉：这个拱门并没有入口功能，而只是展示了一个简单的古典风格的拱门立面，这对"建筑师们毫无创造性的杂乱思想和创作予以责备"（哈拉尔德·赖西格）。旅客们在出发和到达的时候，都会注意到这两边的建筑物：中间的细长站台是为了特殊火车的停靠而保留的。

尽管如此，勒尔特火车站及它的拱形大厅两端的建筑，成为朱拉·罗赫利茨设计布达佩斯国家火车站立面的灵感，该站于1881年兴建至1884年建成。当然现在的火车东站（Keleti pu）是更现代更明亮的大厅建筑，并且把拱门作为真正的入口。这一建筑经过几次扩建，如今仍然耸立在匈牙利。

勒尔特火车站除了本身的长途客运火车

1871 年柏林勒尔特火车站，从洪堡港口瞭望

站以外，还包括一个在施普雷草地和老莫阿比特大街（当时是桦树大街）之间的货运站，扩建后被称为"施普雷河河岸货运站"。离这里不远就是美景宫，因此，依照皇帝的命令，沿着施普雷河畔的河岸大街种植了一排树，来装饰货运站的外观。施普雷河边的砖结构货物发运站于 1934～1935 年由德国铁路建筑师金特·列日建成，迄今仍然屹立在保罗大街上。

除了客运站和货运站以外还有一个列车停车场，它位于西边的骑兵练兵场和东边与柏林市汉堡火车站相连的海德大街之间：这里有快运货物、牲畜和单件托运货物仓库，以及来往于德意志帝国北部和西部的车辆载运货物。市内货物投递通过马车运输来完成。"柏林勒尔特火车站铁路机车修理厂"为蒸汽货运机车和快速列车机车准备的两个半圆形火车机车车库，同样属于火车站外部区域。

勒尔特火车站建成之时，恰好在德法战争胜利之后，俾斯麦在凡尔赛的镜子大厅宣告了德意志帝国的成立。当时若不包括相邻的大城市，柏林市仅有 826 271 名居民。

1871 年 7 月 17 日，柏林环城铁路的东边部分开始运营，以连接大型长途火车站的货运交通。此后，于 1877 年 11 月 17 日完成了第二部分，即西端至莫阿比特区段。

在当时北环线上的普特利茨大街火车站，旅客可以在勒尔特/汉堡干线上的火车和环线火车之间相互换乘。柏林勒尔特火车站在 1873 年度有抵达旅客 330 197 多位，起程旅客 341 000 位，平均每天客流量接近 2 000 人。

之后的设计师们对勒尔特火车站建筑的评价，确切的说是很差的。因此，曼弗雷德·贝格写道，"从建筑学的角度来说，勒尔特火车站与柏林其他火车站建筑之间有本质上的区别，它们的外形或多或少受到这个城市的古典主义的影响。特别是由古典和文艺复兴鼎盛时期两种风格合成的拱形的折中主义的大厅拱门，赋予了火车不真实的古典主义外表，而在这之内隐藏的只是简单的工程设计。但是这满足了委托人及很多同时代的人们追求豪华奢靡的心愿。与众不同的是，出于节俭的原因大多立面部分只用砖瓦和型砖建成，并通过相应的灰浆和上漆，伪装成石料建筑。"

柏林城铁和勒尔特城铁火车站

虽然 1871 年建成了勒尔特铁路中央火车站、1877 年建成了环城铁路，但是柏林铁路的建造历史并没有结束。一条新的东西方向的直径线完全改变了国家首都的地形地貌：1882年2月7日开通的柏林城市铁路，从夏洛腾堡经动物园和弗里德里希大街到西里西亚火车站，总长11.26千米，支撑在734座高架桥和无数座桥梁之上。这条东西高架线与从北部进入客运站的轨道在多个钢结构建筑上交叉。同样它也与施普雷河河岸货运站和1886年7月1日开始使用的行李房国有建筑西侧的铁路相交叉。

站内只有一个中型站台的勒尔特城铁火车站是城市铁路沿线的一个车站，于1880年至1882年间紧靠当时已存在十年之久的柏林勒尔特铁路接待楼北墙而建。新车站的围墙用红色缸砖砌成，之后又以明亮的混凝土横脚线装饰。一开始，柏林城市铁路规划者甚至还打算为长途火车也建一个车站，以创造更好的中转条件。但是在落实规划时，只为城铁建成了一个长128米，宽17.5米的拱顶大厅，大厅的设计让人联想到约翰内斯·沃尔梅设计的车站交易大厅（后改名为马克思－恩格斯广场，即如今的哈克广场）。相关材料没有记录下建造者的名字，只知道技术总管是恩斯特·迪尔克森。按照设计，建在下面的长途火车站站台通过两侧的台阶与上面勒尔特城铁站台相连，连接距离相对较短。1928年实施的城市铁路电气化大工程使站台的最终高度大于原设计高度，同时其可利用长度变为160米。

柏林城市铁路的建造和自1879年初国家对马格德堡－哈尔伯施塔特铁路段的接管使柏林勒尔特火车站发生了深刻的变化。普鲁士国家铁路管理局赋予柏林火车站新的使命。1882年建成了夏洛滕堡和鲁雷本之间的曲线连接线，使柏林城铁于同年接纳了所有开往汉诺威和施滕达耳方向的火车。同时，经过短暂的友好协商，通往汉堡和基尔的列车也将经过城市铁路，进入尚未充分利用的勒尔特火车站。1884年10月15日，柏林勒尔特火车站取代了位于茵瓦里登大街的汉堡火车站，这座古老的火车站早已不能适应日益增加的客流量了。1906年12月，它被用作皇家交通和建设博物馆，1943年博物馆被关闭，1996年被重新改建为现代博物馆。

汉堡和勒尔特铁路线的首要任务是满足贸易和工业界人员的商务旅行需求，同时也是西北和北部郊区通往柏林市区的交通要道。从瑙恩、施潘道西、伍斯特马克、达尔格夫－德波利茨和施达肯开来的火车，将工人和职员从乡下的居住地运送到勒尔特火车站，乘客再由此赶往位于首都市区的工厂和办公室。令人感到吃惊的是，穿梭于市郊线上的车辆大多为蒸汽机车牵引的老式车厢。它们在二战之后重新运行期间才得以改进装备，配上直流电驱动系统。

柏林勒尔特火车站大事记

1871年11月27日，德意志皇帝威廉一世为柏林勒尔特火车站剪彩，并乘坐专列前往位于加尔德勒根附近莱茨灵根的皇家猎场。4天之后，也就是1871年12月1日，火车站及其到勒尔特的铁路线开放客运，4个星期之后开放货运。最受旅客青睐的是快车和一列1872年6月1日起运行的开往科隆的特快列车。

而位于施普雷河畔并靠近洪堡港的勒尔特长途火车站却因为其地理位置有些偏僻，始终与大城市生活无缘。但自1884年关闭了汉堡火车站之后，长途火车站成为柏林面向北海和汉堡这座港口城市的大门。沿易北河而建的铁路旁出现了许多旅馆，它们均具有特点鲜明的古典风格，由来自当时柏林－汉堡铁路公司的弗里德里希·纽豪斯主持修建。

勒尔特火车站大厅内的列车，大约摄于 1879 年

第一次世界大战前掌权的贵族和最高统治阶级都将勒尔特火车站用作其往来于柏林和德国北部及西部之间的起点或终点。在车站东南角亭有一间"陛下休息室"，或称作国王休息室。在德国君主制度结束之前，这个车站见证了众多重要的历史时刻：1890 年 3 月 29 日，帝国首相奥托·冯·俾斯麦被皇帝威廉二世免职，就从这里坐上专用的豪华车厢，前往汉堡附近的养老地弗里德里希斯鲁。8 年后，他在养老地逝世，这期间他再也没回过柏林。1905 年 6 月 3 日，梅克伦堡·什未林塞西莉公爵夫人在与普鲁士王储威廉举行婚礼前三天到达勒尔特火车站。如今还能见到纪念 1906 年 2 月 26 日索菲·夏洛特公爵夫人从奥尔登堡搬到柏林的明信片，图片的背景是饰满花环的勒尔特火车站，当时她即将与爱特尔·弗里德里希王子举行大婚。在来自不伦瑞克的汉诺威公爵恩斯特·奥古斯特与普鲁士公主维

克多利亚·路易斯举行婚礼之际，许多来参加婚礼的嘉宾在柏林勒尔特火车站下车，其中包括 1913 年 5 月 21 日到达的英国国王乔治五世及其随从。

在很长一段时间里，笨重的汉堡快车代表着勒尔特火车站的形象。它们由最先进的普鲁士平原快速火车头牵引，时速在一战前就已经达到约 100 千米/小时，这在当时是很了不起的事情。在帝国最后几年中，勒尔特火车站还成为许多来自普鲁士东部贫困省份、波兰和俄国乘客的中转站。他们离开家乡，想去美国碰运气。

自柏林城市铁路开始建设以来，勒尔特火车站的客流量就减少了，一些区域也因此而闲置下来。1900 年以后，一家经营性的"东方贸易博物馆"搬进了进站处的许多闲置房间。一张宣传海报称，这家博物馆"长期展出东方国家产品，非常精彩，不容错过。早 9 点至晚 8 点

开放,不强制购买"。

1914 年 8 月,也就是第一次世界大战爆发后不久,勒尔特火车站里随处可见情绪高昂向西线出发的士兵的照片,车厢外侧张贴着宣扬必胜信念的口号。1918 年 11 月 4 日以后,也就是德意志帝国战败并覆灭之后,基尔和不莱梅港的革命水兵从勒尔特火车站下车,向柏林宫殿进军。1918 年 11 月,人民海军分队的一个仓储部在勒尔特货运火车站落成。

在魏玛共和国时期,勒尔特火车站重新发挥作用,但并不重要。它在老百姓中的人气并不高。因为去福尔、阿姆鲁姆和叙而特等北海小岛度假,只是上流社会的奢侈享受。大部分柏林人更愿意从什切青火车站出发,去吕根岛或者波罗的海的乌泽多姆岛休闲度假,那里被称作"柏林的浴盆"。

1930 年,从勒尔特火车站到施潘道、瑙恩、伍斯特马克和加尔腾菲尔德的市郊线共接待了 1 500 万人次。而 1929 年勒尔特长途火车站接待乘客的总数才不过 66.55 万,在这之前,1894～1885 年 89.784 5 万的接待量已经是无法超越的顶峰了。

1929 年 6 月 10 日,勒尔特火车站再次成为政治舞台的中心,当天一辆载着埃及国王福阿德的专列到达勒尔特火车站,总统保罗·冯·兴登堡前来迎接。

1926 年 1 月 7 日,德国铁路局首次在开向汉堡的长途火车上安装了无线电通话设备,其沿线的平原地形有利于设备的正常运转。由于这段铁路还允许高速行驶,1932 年底以来它成了一些特快列车的试运行线路,勒尔特火车站也经常出现在试运行报告中。后来德国铁路局在这条易北河沿岸的铁路线上投入使用了新型快速交通工具,其中包括自 1933 年 5 月 15 日正式运行的柴油动力火车,老百姓称它为"飞快的汉堡火车"。这列外形优雅并漆

成象牙紫色的快车有一个响亮的编号,即 FDt 1,它一直运行到 1939 年 9 月二战爆发。它的全程运行时间为 2 小时 18 分钟。

1934～1935 年冬季列车时刻表的再版至今还陈列在柏林德国技术博物馆里,因为它记录了勒尔特火车站那段每天只发 26 列火车的历史。列车目的地是阿尔托纳、基尔、汉诺威、威廉港、杜塞尔多夫、科隆和罗斯托克。其中最重要的也许要数晚间运行的长途快车 FD 24,它于每个工作日晚上 18:07 离开勒尔特火车站,20:41 就能驶入汉堡火车站,到达基尔的时间是 22:40。

1936 年 5 月 11 日,博尔西希公司设计的流线型火车头在一次德国纳粹宣传性行驶中达到了 200.3 千米/小时的速度,被称为当时的传奇。从 1936 年 5 月中旬到 1939 年 8 月底,这个火车头在 FD 23 和 FD 24 这对长途快车之前,牵引着舒适的快车车厢和一节餐车往来于柏林勒尔特火车站和汉堡-阿尔托纳。

1937 年,勒尔特火车站再次被装饰得富丽堂皇,因为阿道夫·希特勒在这里为刚刚结束访问柏林的意大利独裁政府首脑贝尼托·墨索里尼送行。为迎接从意大利访问归来的希特勒,同样的壮观场面于 1938 年 5 月 9 日再次上演。

1938 年,由希特勒发起,总建筑师阿尔伯特·斯佩尔监督执行的首都换新颜计划开始落实。按照这个计划,拥有众多代表性建筑的南北轴线将被从中间截断,柏林老长途火车站的土地也因此被征用,以便在南北环线上致少各建一个新长途火车站。为此,德国铁路局宣布,勒尔特火车站于 1940 年 4 月 1 日起停止使用,随后将启动拆除工程。期间,经过原勒尔特火车站的列车将暂时从观景宫附近的城际铁路 12 区绕道至施普雷河岸火车站,这样,闲置的勒尔特火车站还可以作为动物园火车

正在举办艺术展的勒尔特火车站和城铁车站，大约摄于 1920 年

站的长途车停车场。但由于战事影响，这项工程最终没有完成。但建设平台立柱直到前几年还可以看到。

从 1942～1943 年冬季列车时刻表上可以看到，当时每天只有 16 对列车出入勒尔特火车站，其中 8 对是快车。1941 年，纳粹德国开始驱逐犹太人出境，但并没有使用勒尔特火车站。虽然偶尔有人回忆起那段黑暗时期时称，勒尔特火车站也运送过被驱逐的犹太人。但实际上犹太人乘坐的火车是从柏林北环线上的莫阿比特货运站出发的。

二战后的柏林勒尔特火车站

按现存的记录，对勒尔特火车站周围街区的大规模空袭发生在 1943 年 11 月、1944 年 9 月 12 日及 1945 年 3 月 18 日。在 1945 年 4 月的"最后一战"中，勒尔特火车站再遭重创，因为它离德意志帝国议会大厦不远。尽管火车站损毁严重，特别是大厅顶部，但是，火车站自 1945 年 6 月 21 日起就恢复通车了，几列火车从这里出发，开往拉滕诺和吕贝克附近的萨伦庭。

柏林解放之后，勒尔特火车站被划归英占区。1949 年夏季列车时刻表上只有 3 列开向拉滕诺和 4 列开向维滕贝格的火车。几张照片记录下了这座服役超过 75 年的老建筑的最后时光，其中一张摄于 1949 年夏天，照片上年轻的母亲正带着孩子准备乘车去度假。德国战后分裂为两个国家，分别由乌布利希和阿登纳领导，这使所有从苏占区——之后的德意志民主共和国——开来的列车只能在东柏林进站，所以位于西柏林的勒尔特火车站自 1951 年 8 月 28 日起被关闭。战后归属德意志民主共和国的德国铁路局不再经营客运业务，并将延伸到荣佛尔海德站的客运铁路段拆除。自 1951 年夏天起，除了汉堡和勒尔特货运站之外，柏林只有勒尔特城铁车站还在使用传统的名字。

在战争中被毁坏的勒尔特火车站北门及城铁车站,摄于 1948 年左右

这段时期,动物园火车站依然是柏林西区的铁路交通长途枢纽站,但之后便受到了两位竞争对手的挑战,它们是位于夏洛滕堡的斯图加特广场的区际公交车站及位于市内的滕珀尔霍夫机场和特格尔机场。东柏林战后的主要长途交通枢纽是火车东站(前身是西里西亚火车站,1987 年到 1998 年被称为柏林中央火车站)及舍内韦德车站和利希滕贝格车站,因为它们处于德意志民主共和国南北交通线上比较有利的位置。

勒尔特火车站辉煌不再。1955 年 7 月 2 日的《汉堡晚报》曾在《西柏林鬼站里的游戏》一文中稍许夸张地描写了火车站的颓废景观——尽管这只是表象而已:"战后伤痕累累的勒尔特火车站荒凉萧条,门可罗雀,紧靠苏占区边境。站内荒草丛生,掩盖着锈迹斑斑的钢轨,一些东普鲁士家庭以曾经的售票大厅为家,他们的孩子则把废弃的火车站视为自己的

乐园。以前,成百辆火车从这里出发,现在,这里是孩子们梦之旅的起点。"

在战争结束大约十年之后,负责城市建设的官员和德国铁路局都认定,已停止使用的火车终点站将来再也不会派上用场了。人们担心这些老建筑会造成事故,想要将旧火车站上的砖瓦拆下来废物利用,还觉得这些废墟影响了市容市貌。建筑师称,这些火车站不能满足未来铁道交通的需要,市文物保护局称这些建于威廉时期的世俗建筑在建筑史上毫无价值。于是,人们在 1956 年决定拆除勒尔特火车站,并于 1957 年 3 月开始准备工作。1957 年 7 月 9 日,车站两个部分被炸毁。1957 年 10 月,火车站北侧拆除工程启动,因为还要考虑到由此经过的柏林城铁,所以工程进行得格外小心。1958 年 4 月 24 日,当车站南侧观景立面被拆时,法兰克福的一份日报写道:"周二西柏林勒尔特火车站大门的爆破为观众们呈现了一幅

壮观的场面。预计年底前这个长途火车站将会彻底消失。"但事实上，直到 1959 年 1 月 28 日，北侧的列车进站口才被炸毁。自 1961 年 8 月柏林墙修建以来，勒尔特火车站成为第一个被东德警察和海关严密监视的西部火车站，因为它离位于弗里德里希大街上的边境关口不远。十年后，在西柏林交通规划人员提出要在原火车站的地段上建一个高速公路交叉口的时候，有的柏林人却开始怀念他们的勒尔特火车站了：1971 年 11 月，"动物园区历史工作小组"在勒尔特火车站建成 100 周年之际推出了一款巨大的勒尔特火车站模型。在接下来的 20 年时光中，荒芜和幽静笼罩着这片靠近洪堡港口的土地——所能听到的只是城铁列车驶过勒尔特城铁车站时的哐当声。自从西柏林城铁在 1984 年 1 月被柏林交通运输公司接管以来，勒尔特城铁车站就成为城市铁路最靠东的车站。城铁继续向东行驶到达弗里德里希大街边境车站，而该站由德国铁路局乘务人员负责。

1987 年柏林市庆典之际，勒尔特火车站才在建筑师沃尔夫-吕迪格尔·博尔夏特的领导下得以重修，耗资 2 000 万德国马克。而 2002 年夏天，这座 120 岁的砖砌老建筑又被拆除，以给新柏林中心火车站让路，新站位于德国首都联邦行政区。这个新火车站最终被命名为"柏林中央火车站"，而没有像它的前身"柏林勒尔特火车站"那样，于 1871 年以当时一个汉诺威王国的村庄名命名。

欧洲中心：柏林中央火车站/勒尔特火车站

莱因哈德·阿灵斯

    一座超一流的火车站在欧洲的中心建成——不仅仅只有站台与轨道——它还是建筑艺术、工程技术及物流技术的结晶。欧盟、联邦德国、柏林市和德国联邦铁路以数十亿的投资，合上了欧洲铁路网的缺口。

    1998 年 9 月 9 日，欧洲最著名的——最终 7 亿欧元投资，当然也是投资最多的——火车站新建项目奠基。2006 年 5 月 28 日——恰好在德国世界杯足球赛开幕之前——柏林书写下新的交通历史：开始投入使用的柏林中央火车站，基本上正好在老勒尔特长途火车站原有的位置上，在欧洲各铁路接入柏林中心段的交点上，成为一个市内中心换乘点。

    每天大约有 1 270 辆列车驶入新火车站，其中包括 160 辆长途列车。在德国铁路网中，柏林中央火车站按发车频率排在美因河畔的法兰克福、汉堡和科隆之后位居第 4 位。

    柏林中央火车站是为未来而设计的：它是为了满足每天 470 辆以上长途和区间列车，800 辆轻轨和将近 1 000 辆地铁，大约 300 000 客流量而设计的。也就是说，其客流量大约是一个中等城市的人口，比如波恩、马格德堡或者伍珀塔尔。

    南北干线——也就是物流技术的核心——须穿过动物园和施普雷河之下的隧道。火车站位于南北干线与东西干线的交叉点上：这个五层楼建筑填补了欧洲铁路网中一个关键性的大缺口。火车站的 4 个站台和 8 条轨道位于地下 15 米处的交叉点上。旁边就是未来开往亚历山大广场的地铁站和按照最新估计有望于 2020 年开通的轻轨站。地上 10 米是城铁线路与东西干线的交叉点。火车站的设计实现了短距离转车：旅客最多只须走 1 列火车的长度，也就是大约 400 米。

    当然乘坐列车旅行的时间将来也会明显缩短：到布鲁塞尔大约 5 小时，到布拉格大约 3 个多小时，到哥本哈根大约 2 小时。未来的铁路计划是从勒尔特火车站到华沙用时 4 小时 45 分钟，到巴黎 8 小时 20 分钟。甚至在 2004 年底，到汉堡的列车速度就打破了 20 世纪 30 年代的纪录：从柏林中央火车站到汉堡，最新的 ICE 按计划行驶了 93 分钟。

蘑菇方案

    市内铁路、城际铁路及长途铁路在城边上交汇，成为新中央火车站设计方案的基础，也是"蘑菇方案"的由来。这一名称来源于铁路线的形状，让人们想起了蘑菇：北面经过健康之泉火车站（北交叉点）城铁环线的弧形线路构成了"菌盖"，经过动物园和火车东站的城铁线构成了蘑菇的"菌褶"，从巴伯大街火车站（南交叉点）经波茨坦广场隧道到勒尔特火车站的南北干线形成了蘑菇的"菌柄"。

两条主要交通轴线在中央火车站相交。在北部城铁环线上的柏林健康之泉火车站，作为另一个长途火车站，同样在 2006 年 5 月 28 日投入使用，开往波罗的海方向，到什切青、施特拉尔松、罗斯托克及施韦特方向的火车在那里停靠。在南部城铁环线上的巴伯大街火车站（南交叉点）——也是在 2006 年 5 月 28 日投入使用——停靠的是来往于南方的火车。还有一个城际特快列车停靠站，也就是由 GMP（von Gerkan, Marg & Partner）建筑事务所设计，1998 年完工的柏林施潘道火车站。作为区间火车站的波茨坦广场火车站，同样也是在 2006 年 5 月 28 日这一天投入使用。如果想让中央火车站在未来达到计划客流量，必须把被神化了的、深深刻在（西）柏林人心目中的柏林动物园长途火车站从德国铁路时刻表中划掉。同样，如果东西交通的主要部分按计划在动物园隧道交汇，那么在 1990 年高价改造为城际特快列车车站的火车东站，即当年的（东）柏林中央火车站将生死未卜。因此，最初的"蘑菇方案"也许会被部分修改。

130 年前，由分散在市区的 9 个火车终端站所完成的运输任务，现在由一个中心长途火车站来完成。20 年来，柏林的火车转乘及启程与到达，都需要乘坐出租车横穿城市，现在——至少地理上位于市中心，并且正好在当年东西柏林边境线的中心——所有的乘客只有一个目的地：柏林中央火车站/勒尔特火车站。

火车站并不只是一座实用性建筑物。作为"城市的大门"，对每一位初次到站的旅客，火车站都给人们留下关于目的地的第一印象。火车站和驶入城市，使人们在到访前实现完美的空间变换。难以想象，如果到达科隆而不经过霍亨佐伦大铁桥，或者到达汉堡而看不到阿尔斯特内外河的景色，则乘火车旅行将会是个什么样子。到达大城市：伦敦，维多利亚车站；巴黎，火车北站；米兰，中央火车站；阿姆斯特丹，中央火车站；莫斯科，白俄罗斯火车站，世世代代都传唱着同一首歌。设计师们在规划勒尔特火车站时对此也有所考虑。

按照德国联邦铁路股份公司的意愿，柏林中央火车站应加入到这一行列之中并继承这一传统。在政府办公区中心，耸立起一座面向未来的建筑，将来也许每年能为 1 900 万旅客服务。它是欧洲长途轨道交通网的核心，是 21 世纪初期交通的大教堂：其真实的作用就像其寓意，一座大型火车站。

建造过程图片

摄影：罗兰德·霍恩
　　　约瑟夫·霍普

与摄影师罗兰德·霍恩握手时让人觉察到，他有一双强有力的手。他生活的环境使他不善于伪装。霍恩是一位摄影工程师，他是一位隐藏魅力的传统主义者，具有坚忍不拔的毅力。他跟随拍摄新中央火车站的建设达八年之久。在这之前，他凭借索尼中心建设工程中惊人的照片而出名。在拍摄柏林中央火车站的同时，他还出版了一本关于柏林动物园稀有动物和自己最喜爱动物的画册。他所做的这一切，都是出于自己的个人爱好。

柏林中央火车站的拍摄工作，毫无疑问是迄今最大的挑战。由于施工周期长和工地难于接近等诸多困难，换作他人，或许早已放弃。然而摄影这项全能活动激起了罗兰德·霍恩的兴趣，他经历了许多艰险，最终取得成功。他的照片将作为这一独特建筑的资料而留存。如同瓦尔德马尔·提森塔乐所拍摄的皇帝时代柏林的照片一样珍贵，将来罗兰德·霍恩的照片将成为新中央火车站建造过程的真实写照。

为此摄影师也要付出一定的代价：他和建筑潜水员一起下水，他与工作人员一起在基坑的烂泥中来回走动，跟随工人们穿梭于钢筋和脚手架之间，他登上最高的塔吊，寻找建筑物在不断增高和变化的最佳时刻。尽管如此，他在建筑工地上的工作并不受到欢迎。霍恩在现场逗留的时间总是很短，因为混凝土搅拌工人和承受着施工进度压力的工地负责人并不理解拍摄照片的必要性。令人惊奇的是，他能

精确地找到完美的拍摄区域和角度，并且很快地运用当时的光线去处理他的图片，而不使用附加灯光。在选择照相器材方面，霍恩也很传统，他只用中等尺寸相机或者平板相机。

霍恩跟踪拍摄建筑过程的突然变化，认真关注建筑材料的表面情况及其变化，并且真实地拍摄墙体的结构和空间变化。因此有了车站底层刚刚用混凝土浇筑的地下走廊和房间的照片，这也是摄影师从艺术角度处理光影变化所得到的照片。这些近乎完美的建设过程照片是他对钢铁和玻璃优美造型的钦佩；这些照片展示的是建筑材料在建筑过程中和使用功能上的渐变过程。

这些变化是由大量的工程作业相互协调产生的，罗兰德·霍恩的照片就是记录这些建筑过程的一座座小型纪念碑。我们能从照片中看到手握巨型扳手的工人，身着冬季服装的钢筋工，不知疲倦的焊接工和那些要求苛刻的工程负责人。他所拍摄的那些照片并不是为了展示施工过程中建筑工人虚假的工作激情，照片中就曾经有一个很自豪的建筑工人倚靠在刚刚立起的钢结构旁兴奋地望着相机。尽管如此，这些照片并没有淡化这一事实：如此浩大的工程没有艰辛的工作是绝对完不成的。

在我看来，对这些建筑工人和他们所取得的成就的尊重，以及人们对罗兰德·霍恩在照片拍摄过程中所取得的成就的尊重，都超越了照片本身质量的意义。

火车站的建造历程

柏林中央火车站
——城市的象征和新的市中心

法尔克·耶格尔

关于柏林中央火车站的争论

1862 年，传奇性的政府建筑师詹姆斯·霍布瑞希特提出了建筑计划，此后，柏林不再有关于这一争斗的幻想：柏林铁路大王亨利·史淘斯伯格的私家建筑师，即后来的秘密轨道委员奥古斯特·奥斯，于 1871 年提交了一份备忘录，名为"柏林火车站与市内铁路连接的项目"。

奥斯为柏林的困境寻找出路，而这一困境是由德国的铁路史自然形成的。不同铁路公司的 9 条铁路干线从不同的方位指向首都，各自在城门外自己的火车终端站完全终止，只有位于斯特拉劳市郊的西里西亚（当时为下西里西亚）火车站是个例外。其位置位于海关墙前，即市中心的边缘地带。轨道设施和建筑随着时间和交通的发展而增加。然而由于历史的发展，它们都缺少协调或精细的整体规划。

就像具有类似情况的其他城市如巴黎或伦敦一样，柏林缺少一座中央火车站作为中心的换乘点，以节省过往旅客去城市另一端火车站所需乘坐出租车或有轨电车的时间。在当时的局势下，没有机会建设这样的设施。长期以来，私营铁路公司各行其是，这可以说是当时德国四分五裂的真实写照。整个铁路系统被终端站所分割，像安哈特火车站、波茨坦火车站、勒尔特火车站等，带有典型的接待大厅和附属基础设施。

然而奥古斯特·奥斯确实伟大，敢于去考虑不可能的事情，即敢于拆除上百座房屋，在稠密的房屋群中开辟一条通道，修建高架桥，在上面建造铁路，使铁路在空中横跨市内街道。奥斯的设想一方面在于，东部的 3 条国有铁路和西部的 3 条私营铁路都通往波茨坦火车站、勒尔特火车站和汉堡火车站，可以使尽可能多的终端火车站相互连接。另一方面，来自西方的长途火车，需要经过多个站点才能到达西里西亚火车站（后来的火车东站），那些来自东部的长途火车到达夏洛滕堡终端站。在他的备忘录中写道："这样一条中心铁路在某种程度上是具有许多停车点的巨大中央火车站，如此一来可以便利交通，使街道不会出现交通负荷过重的情况，而这些应该由一座必要的中央火车站来实现。"

1930 年，建筑评论家维尔讷·黑格曼在其著作《冷漠的柏林》中作了进一步的设想："安哈特铁路和波茨坦铁路，如果延伸到什切青火车站和勒尔特火车站，就像城铁从亚历山大广场连接到夏洛滕堡那样，占用很少的场地，就能实现更多的功能。补修这一通道是在所难免的事情。"他提出了明确响亮的要求，但认为没有必要改善交通连接，因为这涉及到城市建设和市容。他认为安哈特火车站和波茨坦火车站是"在柏林的肠胃里形成了不易消化的异物"。穿过部长花园的高架桥和一条穿越整个弗里德里希城所中断的连接线，能否改善城市的状况，同时考虑到当时铁路技术所产生的煤烟和噪声污染，使得这一做法仍然是倍受争议的。

1872 年，德国铁路建设公司开始东西城铁工程，但由于 1873 年名为"创始期经济崩溃"的经济危机而失败。1878 年，普鲁士国家开始了这一具有其自身军事战略意义的工程，并使其顺利实现。1882 年 2 月城市铁路交付使用，5 月长途铁路交付运营。该项目共投资 6 800 万马克用于购买土地、建造和附加费用，其中仅仅 8 公里长的高架线路就花费了 1 240 万马克。

在西部，在当时夏洛滕堡荒芜的土地上堆起一道路基，就足以满足要求。而从萨维尼大街火车站开始，为了节省场地，则修建了一条 5.3 米高、15 ~ 20 米宽蜿蜒的砖砌高架线路，就像一条穿过城市的千足虫。当然要尝试将购买土地的费用控制在一定的范围内，这也是为了保护动物园。在夏洛滕堡，在汉莎广场，在弗里德里希·威廉城，以及在路易斯大街，必须越过现有的住宅区。其间的莫阿比特滩地本来就是铁路地带。在老城的东部，经过长期的讨论，决定将国王运河，即当时的城堡运河填平。从雅诺维采桥开始，线路占用当年施普雷河河畔的港口地区，然后沿着以前的布雷斯劳大街，最后到达当时的西里西亚火车站。

弯度平缓的平拱一个接一个地架在间距为 8 至 12 米的立柱上。这座砖瓦桥建筑在外观上分段不显眼，适应了德国经济繁荣年代的建筑风格。在建筑规划经费一项中规定，600 多个桥拱要以不同的方式封闭起来，圈出来的空间将作为仓库、停车场、饭馆或者商店出租，以获得利润。

北边的两条铁道属于城市铁路，南边的两条则用于长途交通。早在实现电气化之前，人们就能在出现故障或施工时轻松地变换轨道。

在夏洛滕堡和西里西亚火车站之间的 11 个火车站中，有 5 个用于长途运输，它们是夏洛滕堡、动物园、弗里德里希大街、亚历山大广场和西里西亚火车站。勒尔特火车站不在其中，尽管它有用作换乘车站的潜力。

在 1910 年的"大柏林竞赛"中，大部分胜出者的作品与交通管理相关。一个名为《浅层地下连接铁路》的建设规划提出，将南部的中心火车站和北部城市铁路上的中心火车站连接起来。在魏玛共和国时期，马丁·麦希乐为首都发展规划提出建议，即在沿着市中心政府大楼和一条全新地下铁路线的南北轴线上建设雄伟的建筑群。而长途铁路地下隧道的构想却没能实现，依然是由一条城铁连接起安哈特、波茨坦、弗里德里希大街和什切青火车站（即后来的火车北站），这条线路于 1936 年奥林匹克运动会期间贯通至菩提树下大街，1939 年贯穿全城。

"大街道"是当时总建筑师阿尔伯特·斯佩尔对他设计的南北轴线的称谓，这条夸大版的麦希乐轴线的一端终止于新的火车南站。规划中的新站应该位于如今的巴伯大街火车站，它拥有 35 条轨道，其中包括一条用来"开发大欧洲"的宽轨铁路，轨距为 3 米。按照设计，同南站一样大的应该是北环线上的火车北站，位于如今的吕纳大街上，它将通过大街道下面的地铁与南站连接。而这个设计若能实现，换乘汉堡－慕尼黑和什切青－法兰克福方向的列车并没有变得更轻松。因为阿尔伯特·斯佩尔认为,柏林应该是所有旅行的起点或者终点,所以他并不关心过站旅客的换乘问题,在这一点上他很像他的雇主,即对一切规划和建筑工程都极其感兴趣的纳粹元首阿道夫·希特勒。1937年,规划者进一步预计,南北两站将会成为未来德国首都"日耳曼尼亚"的中央火车站,同时还是全欧洲最大的两个火车站。

但是这些纳粹时期的铁路建设计划因受战事的影响并没有落实。柏林在整个世纪里也没能开辟出理想的铁路线路并建成一个中央火车站。

战后时期及德国分裂时期,西柏林的铁路交通萎缩至最小规模。自1961年柏林墙建成起,弗里德里希大街火车站就成了东西两德交通的媒介,因为它既是从西边和东边开来的火车的终点站,又是中转站。所以人们以最复杂的方式重建了这个火车站,并在进关前后严格区分"国内"和"国外"区域,这一切造就了一座史无前例的迷宫式建筑和它错综复杂的组织管理体系。

先后被命名为法兰克福、下西里西亚——马克及西里西亚火车站的车站在民主德国时期出于政治原因再次改名为火车东站,这个名字原本属于它附近的一个废弃的火车站(即原来的乌里泽火车站)。1987年12月,借柏林建城750周年之机,火车东站被提升为"柏林,民主德国首都"中央火车站,就好像一位实至名归的积极分子受到表彰一样(1998年此火车站第5次易名,目前叫火车东站)。同时,国家主导的新接待厅建设工程也开始了,但一直到1990年两德统一也没能完工。

当时,在这项扩建工程中没有注意到,位于城区边缘且面积稍小的利希滕贝格火车站早已成为事实上的东德中央火车站了,因为它是绕开西柏林而行的火车的必经之站,而且南北交通要道向东德内部的转移也增加了利希滕贝格火车站的地理优势。对于东柏林大部分地区的旅行者来说,想到达利希滕贝格火车站就必须经过一两次费神费力的转车。

这样看来,柏林当时的轨道交通可谓杂乱无序。当柏林统一时,东西部的交通系统也要随之融为一体。但人们不能将时间的车轮倒转回战前了,因为这个城市变化太大了,城市结构、铁路网络、铁路业整体及大众交通都和从前不一样了。不论如何,在柏林墙建造之前一直适用的奥古斯特·奥斯原则,即城铁线上若干火车站作为延伸的中央火车站,在两德统一之后再次发挥作用。但这一回,人们必须要创新地、多角度地、长远地考虑问题。人们的设计必须面向未来,只有如此,柏林轨道交通网才能增强其短途交通的运输能力,提高区际交通的速度,并与德国联邦铁路公司的高速铁路网接轨。

"蘑菇方案"(见第14页)为柏林铁路交通定义了一个新的中心,因而成为了柏林通向交通枢纽之路的指导思想。

这样,首都就不再只有一个名义上的中央火车站,人们第一次能够在一个中心车站搭乘开往各个方向的列车或者毫不费劲地转车——这才是传统意义上的中央火车站。它的前提条件是,铁路规划者要不懈地为建设一个南北向横贯城市核心区的高效铁路线而努力。如果没有这样一条线路,南北向的交通就只能在城市的东西两端像穿针眼一般插入城市东西向铁路,在那里,列车必须绕行车速较慢的高架桥,这样就延长了行驶时间。更麻烦的是,城市铁路高架桥只有两条长途列车轨道,而且早就达到了运载力的极限,一旦那里的运行出现故障,将会影响整个交通系统。

建设任务逻辑

新的城市中央火车站必然要建在铁路干线的交叉点上，建筑艺术方面的规划也要满足新站作为各个方向长途铁路交汇点的要求——从其建筑意义来看，这是一个在世界范围内只有极少先例的艺术造型（在德国，奥斯纳布吕克、多伯鲁克－克希海因及柏林南部的法尔肯贝格火车站可作为这方面的先例）。根据自然规律，站内线路交叉本该在两个层面上完成，但柏林中央火车站的设计却比较特殊，即一种轨道水平高度为 −2，另一种为 +2，还有两个中间层和街道水平面处于两者之间，后者可以用作开拓建筑场地和分配层面的平台。这样多层次交叉是设计中所遇到的机遇还是设计中所面临的问题呢？

如果我们观察已建好的火车站及它颇为吸引人的建筑逻辑，就会觉得，似乎只有这一种建造方式能解决问题。但是在 1993 年的竞标过程中，德国 GMP 建筑师事务所曾提出另一个方案，这表明建筑师还可以转换思维。迈因哈德·冯·格坎在他的《方案0.3》中阐述了一个可以分步骤建设，并采用模块化的艺术造型，拥有 7 个 35 米高的建筑主体，它们分别建在 80 米 ×80 米的方形建筑平面上。建筑主体内是直径为 55 米的圆筒形正厅，它们应该按不同的用途进行不同的装修和布局，有的要建成天井，有的要建成玻璃顶大厅。通道的玻璃顶将覆盖主体建筑间 20 米宽的距离。如此一来，4 个单元就具有了城际特快需要的火车站长度。但是按照这个设计，将不会出现一个有效的对外开放的火车站大厅，而一个传统的钟楼会令这片建筑看起来不那么像火车站。

约瑟夫·保罗·克莱胡埃斯在他的工程鉴定意见中设想只建设一个内有圆柱形大厅的建筑主体。它的直径为 120 米，高度为 60 米，是一个体育场的规模。在两条铁路线的交叉点，日光将直射深层站台大厅。这个底面积巨大的立方体从外面看共有 6 层，顶部的玻璃圆顶突出于圆柱形大厅，让人想起 18 世纪末的法国大革命建筑。但是在城际特快尾端车厢的乘客必须要提着行李步行 280 米才能到达位于城际特快头部的接待大厅，这在无形中延长了旅行时间。

在这一点上，最终确定并落实的建造方案有着决定性的优势。在这个方案中，高架站台被向东移了 120 米，这样一来，交叉口大厅和接待大厅就位于站台的中间，人们下车后要走的路程也相应变短了。然而这却使得整个地上火车站位于曲线轨道旁，站台也相应成为弓形。

为了实现位于交叉点这样一个布局，重新调整城市铁路高架桥的曲线半径是关键。

虽然铁路规划者力争建造一个颇具优势的直线站台——这样的站台一目了然，大厅的构造也随之变得更简单，但这里必须基于所需的规模而作出妥协。现在，中央火车站属于为数不多的拥有弧形站台的长途火车站，其他的还有汉堡中央火车站，新建的卡塞尔－威廉高地火车站及扩建后的科隆中央火车站（考虑到如今列车的普遍长度，德国 GMP 建筑师事务所在施潘道也不得不建立一个有平缓弯度的站台）。

城铁高架桥是在原勒尔特火车站建成十年后动工的，所以它以一个伸展得很开的弧形从火车站后面绕过，城铁车站就位于长途火车站后面。而在原长途火车站位置上的新建工程不必让列车继续走冤枉路，而是可以在南边建造有平缓弧度的站台，同时这样也缩短了乘客在站台上的步行距离。除此之外，铁路公司可在施工期间继续经营包括城铁车站在内的老城铁。直到 2002 年 6 月底，城铁列车才能驶上调整过弧度的新桥，从而进入新站。自那时起，城铁就开始使用新的火车站了。

选择这样一种建筑构造的另一个结果是，两段铁路间的夹角向一边推移，同时也改变了以洪堡港为参照的市区建设格局。南北向和东西向铁路不再是直角相交，而是偏移 15°，这使城建参照网格的角度产生了 23° 的变化。建筑师就是根据这个角度变化以确定其设计方案的主要内容。车站大楼的四方阶梯状底座——有些像希腊庙宇的基座——就是依照变化后的城建参照网格而建的。高架城铁站台的大厅比街道水平面高出 10 米，以一个轻微的弧度与方形基座斜着相交，同时还斜着穿过了两个马蹄形建筑，这两个建筑的走向与地下火车轨道是一致的。在这两个马蹄形建筑之间搭建了一个玻璃大厅，其玻璃顶也与弧形站台大厅相交，并与地下火车轨道方向一致。这样布局的目的很明显：将地下火车站的走势清晰地反映在地面上，从而清楚地体现新车站的交叉点作用。新站建设规划中的重要理念还包括，将位于地下 15 米的火车隧道映射至地面，这也对城市总体规划建设产生了巨大的影响。这种空间变换通过两个魁伟高大的"支架楼"，即两个平行的马蹄形建筑来实现。当人们从南边，也就是联邦政府所在地观察中央火车站时，能更好地领会这种象征的表现作用。目前，中央火车站雄伟壮观，人们在其周边任意位置都可以看到它，但这一地位将受到周围筹建中的新高层建筑的挑战。然而中央火车站在城市规划建设中的主导地位将始终不变，在这方面，它不逊色于历史更悠久的莱比锡、科隆和斯图加特中央火车站，甚至可以与塞维利亚、里昂或里尔的中央火车站相媲美。

火车站形象

尽管越来越多的新建火车站采用标新立异的风格，柏林中央火车站却保留了传统火车站的两大要素。一是为列车进站的轨道加上了弧形玻璃罩，使其远看像是一截玻璃管子，二是横向大厅，尤其是大厅的两个立面，明显地体现了传统火车站的立面风格，任何人见了都能立刻明白这座建筑的用途。车站大楼用于表明身份的 DB 标记都可以说是多余的。

在新站，人们还很容易想起原来建在这里的勒尔特火车站。老站当时有 5 条轨道，论规模，早就被安哈特火车站超过了，但是论雄伟的外表，老站无法被超越。它朝向南边施普雷河的立面是一个巨大的凯旋门，两侧有雄伟的科林斯式圆柱的主门洞同站台大厅一样高。这个超大规模的凯旋门显然有意要向远在动物园的游客表示欢迎。它的两侧还有用作皇家候车室和饭店的五轴亭子，它们一律以早期经典主义或文艺复兴鼎盛时期的风格装潢。

而如今，原来老凯旋门的位置是位于施普雷河畔新中央火车站横向大厅的玻璃三角墙，它可以看作对 1957 年 7 月 9 日被爆破拆除的老建筑拱门的纪念。新站的北山墙从前是老站的进站口，在城铁车站下行驶的机车喷着蒸汽由此驶入老站的站台大厅。而如今，这里是新站的另一排代表性山墙，空间十分宽敞，因而人们可以轻松地从茵瓦里登大街来到这里。

直接和间接的通道

在新站建设过程中，建筑师发现了一个有利的情况，即有一个街道平面层可供使用。另外，他们还在地下长途铁路和公路隧道之间开凿了一个 3 层的停车场，它由 B96 隧道和外界相连。也许全世界仅有少数几个大型火车站能够从 4 个方向开车到达。柏林中央火车站就具备这一能力，再加上车站的南北山墙设立了同等规模的进站口，从而避免了交通拥挤问题。所以，通往茵瓦里登大街的北广场是出租车站、短时停车场和旅行巴士站，可以通过 B96 隧道直接到达。南广场是承担短途公共交通任务的公交车站。位于高架桥下不怎么显眼的侧辅建筑，不受车站人流物流干扰，适合出租给中小型商铺。那里入口宽阔，汽车可以顺畅通过，这样就可以在接货大厅卸货，从而避开公众的视线。

在南北广场侧翼商铺的两边，阶梯状底座的台阶向上通往公共观光平台，年轻的旅行者经常在那里停留。从观光平台可以直接进入高出地面 4.43 米的中间层（1 层），那里有服务中心和商店。但是到站的旅客一般时间有限，通常会寻找直接通道。在横向大厅的南北两边，标有 DB 标志和"柏林中央火车站"字样的宽大玻璃立面似乎在欢迎厅内旅客。横向大厅的东西两边也各有入口。

亮厅里的优雅火车

原勒尔特火车站有一个传统的接待楼，它附带一个车站大厅，大厅虽有些年头了，但质量上乘，乘客可在这里买车票、鲜花和报纸或者在问讯处咨询，并由这里去往站台、候车室及饭馆。而如今的新站没有这样一个接待楼。把一个集中体现建筑风格的接待楼和一个集中体现技术水平的站台在空间上分开，这仅适用于蒸汽机车时代，因为这种火车进站时有巨大的噪音，喷发的蒸汽里有大量煤灰，再加上车厢的隆隆声和刹车的刺耳声，会让在站台停留的任何人都感觉不舒服，尤其是冬天，这个又高大又透风的站台会分外寒冷，让人只想尽

快逃离这个地方。与此相反，与站台分离的接待楼却可以保持整洁和安静，为即将出发和到站的旅客提供一个好去处。

如今，非常清洁的高速列车和城铁列车行驶在消声的轨道上，无须再把站台排除在接待楼之外。优雅的列车开出和驶入中央火车站时，乘客好像在欣赏一场井然有序的演出。160 米长 40 米宽的横厅，由于两个方向的站台在此相交，因此也成为集各种功能于一身的主车站大厅。

车站大楼的底层设有快餐厅和各种商店，是为高频率流动的人群设计的。这符合火车站的目标，即不仅服务于旅客，还作为拥有众多商铺的商业中心吸引着消费者。所以，服务乘客的部门都改设到了楼上。特别是旅游中心及为乘客提供购票服务、旅行信息和其他建议的咨询处都设在楼上，所以这一层区域也同样热闹。

如果谁有闲情逸致，愿意在大厅走上一圈，他就会明白，为什么人们把柏林中央火车站比喻为"交通大教堂"。这不是一个泛泛的比喻，哥特式建筑的构造原则在这里有着鲜明的体现：支撑与负重，顶部高耸，与哥特式群柱相似的支柱及结构随意的侧壁。两个厅堂的拱顶也明显地模仿了中世纪建筑杰作的建筑形式，虽然拱形圆顶不是石头砌的，而是透明的玻璃，由银色钢网撑起且具有良好的透光性。就像中古时代教堂里呈十字交叉的横纵长廊一样，新火车站大厅的两个玻璃筒形穹顶也在大厅中央顶部交叉。

另外，大厅的楼梯和圆形直梯的设置营造了一种空间渗透感，使建筑的多层次结构一目了然，让人联想起意大利巴洛克建筑师乔瓦尼·巴蒂斯塔·皮拉耐西，他的标志性风格之一正是狂热的空间布局幻想。当然，这位艺术家对于神秘和阴暗的偏爱并没有体现在火车站

大厅中。这里无论白天或晚上都光线充足，一切尽收眼底。

车站整洁有序的整体形象要归功于内部空间的细化和出色设计。每一条接缝都力求整齐，每种材料都精心挑选，比如地板，或是从中国进口的黑色天然石料，或是来自奥地利的浅色石，它们的铺排以不张扬的方式为分区和指路服务。再有，玻璃栏杆、自动扶梯、坡道和平台护围，都弱化了其存在感，从而使整个建筑更加明亮开阔。宽宽的楼梯扶手造型优雅，是由多层粘合木板制成的，如果有人撑在扶手上向楼下看，会觉得格外舒服。

大厅中轴线上的自动扶梯向上通到中间层，细长的城铁站台横跨其上，高高地搭在闪着银色光芒的钢支柱上，无比纤巧轻盈。而钢支柱是由4根钢管用连接板拼接在一起组成的，看起来很像由钢管编织而成。钢管在顶部伸展开来，就像餐厅服务生摆弄托盘的手指。

同样，6个直梯也不仅是普通的技术设施，还是建筑美观的亮点。直梯管道看起来像6个玻璃筒，成对地从地下隧道直通高架站台。同样玻璃电梯间在管道内上上下下，就像是水管里的气泡在浮动，让人忍不住驻足观望。直梯连接起地下中间的两个站台、车站大楼中间层及城铁高架站台。这样，4个南北向的长途火车道就与3个高架站台直接连接起来。地下隧道外侧轨道的乘客则利用自动扶梯在负1层"转乘"直梯。当然，通过楼梯和自动扶梯也都能直达顶层站台。高架站台位于两个马蹄形建筑的下方，与横厅交错，以便更好地展示站台430米的长度。

遥望总理府

若来到车站大楼高层，会发现这里的景观独一无二，就好像身处一个巨大的玻璃镜筒之

中，向四周望去目光丝毫不受阻碍，可以清楚地看到总理府、政府办公区和莫阿比特区，伴随各种天气变化如同欣赏戏剧一样。新站大厅没有延用百年老站笨重的铁穹顶，从而显得有弹性和轻盈，有跳跃感。拱肋交织成轻巧的网状结构，支撑着整个波形穹顶。拱架由轻巧的压拱组成，人们几乎看不见其绷紧的钢索，而正是它们精准地体现了穹顶弯曲应力的走向。弧形拱架顶点部分本来有凹陷的危险，但被下方钢索的张力稳稳地向上支撑了起来；拱架的两端承受着巨大的拱形压力，但玻璃外部设置的张力系统使其免遭弯曲失稳。依据荷载通过精确的设计，使竹篮似的屋架才能既轻盈又平平地架在大厅上。纤巧的屋顶不仅节省了材料，还显得优雅大方，并拥有良好的透光性能。多余的日光还可以用于发电，因为南向屋顶上有太阳能光伏发电板。

人们可能会感到遗憾的是，大厅没有像设计的那样达到430米的长度。因为施工延误，余下的时间已不充分，所以大厅东西向最终长度比设计短了110米。这对建筑的总体比例产生了负面影响。而且碰到恶劣的天气，城际特快列车尾部车厢的乘客跨出车厢后毫无保护，只能任凭风吹雨打，也会使他们感到不快。

除了设在城铁站台上的发车控制室，建筑师都能成功地使附加建筑和站台分离，以使站台开阔空旷。信息牌、座椅和其他必要设施都体现了设计者细心体贴的风格（废纸篓除外）。1 200个扩音器让广播传入火车站内每一位乘客的耳朵，而且没有令人厌烦的回音。忙忙碌碌的玻璃清洁机器人在保持玻璃穹顶干净透明的同时，还颇具娱乐效果。

来到地下层

就算站到高架站台那一层，乘客的目光也

能直达地下，观察那里来来往往的车辆。在不影响交通往来的前提下，建筑师们把横厅各层掏空。所以，车站有了最大限度的透光性，日光可以直射入最底层的轨道平面。尽管如此，身处隧道时的特殊感觉不会因此而消失，在最底层同样430米长的南北向铁路站台大厅里有一种独特的氛围。设计师原本想把这里也设计成一个带有教堂色彩的空间，他们打算为这里的天花板添加弓形拱肋，它们将在两侧的立柱之间交叉形成十字拱。若能建成，分为8个长厅的车站大厅应该具有颇具匠心的造型，这个首都迎宾第一站也将因此具有一种高贵的气质。但事实上，由于建设资金问题，地下站台大厅没有按原GMP事务所的设计建设。在建筑家卡尔—海因茨·温肯斯的负责下，最终只建成了一个简单朴素的平屋顶。这样一来，按原计划准备好的蘑菇头状立柱就只能毫无过渡地插入平屋顶，两种设计风格之间有一个断层，看起来很不协调。

在这个大厅里停靠的是区间列车和长途列车。地铁5号线和筹建中的城铁21号线隧道与这里的轨道平行，它们的站台将通过专门通道与火车站相连。

大厅上面

横跨于站台大厅之上的马蹄形建筑是高度为42米的12层办公楼，它是中央火车站整体形象的关键组成部分。它的钢结构骨架外露，标志着这座大楼拥有先进的技术优势。它的中部为桁架支撑建筑样式，且从空中跨越了87米的车站大厅，从而有鲜明的桥梁特征。两个马蹄形大楼的内侧夹住车站横厅的玻璃顶。横厅里面的一些空中桥梁构成了两座马蹄形大楼的内部连接，这样可以方便人们以最短的路程从一座楼走到另一座。这既是两座建筑之间无障碍沟通的关键，又关系到写字楼客户的利益，不论他租下的办公室在两座楼里还是只在一座楼里。

火车站最高的建筑是一座60米高的塔楼，其底面为三角形。表面看来，它的唯一作用似乎就是把会发光的德意志联邦铁路公司的标志高高举起，让远处的人们也能看得见DB这两个字母。

而在从前，火车站塔楼是车站建筑风格上的重点和构造艺术上必要的组成部分，车站塔楼的典范要数科尔马、巴塞尔的巴顿火车站和赫尔辛基。这些塔楼上的大钟，使人们很远就能看到标准时间。最后一座庄严雄伟的塔楼于1927年在斯图加特落成。在那之后的战争中，布赖斯高地区的弗赖堡钟塔被炸毁，为了纪念它，人们在原址重建了一个现已用作饭店的塔楼。

相比之下，柏林塔楼的用途较为普通，它是一个排放废气的烟囱。如果说这个烟囱只负责排放底层停车场的废气，那么人们大可不必把它建得这么高。实际上，它还要排出公路隧道B96的汽车尾气（在南边的兰德维尔运河岸边也有一个相对称的塔楼）。借助于这个受技术主义影响的钢结构塔楼，建筑师为中央火车站又增加了一个显著的标志。晚上，玻璃塔身被从里面射出的灯光照亮，变得更加醒目。与车站入口山墙相同的是，中央火车站塔楼上也没有安装钟表，因为手表和手机的普及已经让这个设施变得多余了。

空旷地带的火车站

火车站的废气排放塔可能在以后很长时间里都是这个地区的地标性建筑。因为新的城市规划和建设虽然有宏伟的蓝图，但由于柏林的经济发展状况欠佳，工程一再拖延。火车站两侧规划有两个高层建筑，一个在北广场，一个在南广场。中标城建工程的奥斯瓦尔德·马蒂亚斯·翁格尔斯，计划将洪堡港改建成 7 层大楼，大楼前应该有一个拱门，城铁高架桥将从中斜穿而过，这个场景将拥有美索不达米亚式的力量和高贵，成为柏林独一无二的风景。规划者还打算在火车站西侧的高架桥两边新建写字楼。这个拥有 12 年历史之久的陈旧计划，在火车站周边的新建工程开工时还有可能保留下来。大概是因为建设规划规模太大，太公式化，而且缺乏亮点，才导致人们迟迟没有在中央火车站周围建成一个繁华车站区，而这可是当今世界上所有火车站必不可少的组成部分。目前火车站附近的建筑寥寥无几，其中包括一个破旧的多层停车楼，位于茵瓦里登大街一侧。它的对面是原来的监狱围墙，墙的后面是纪念原来莫阿比特单人牢房监狱的公园。除了这些，中央火车站可谓处于一片空白区，一个无人地带。这可不是一件好事，况且柏林中央火车站理应拥有一个更活跃的周边环境。毕竟它在一开始就被设计成一个全新的繁荣中心的核心。按照设计，这个中心应该像 15 年前兴建波茨坦广场一样，从无到有，拔地而起。建成后的火车站更是被人们看作招商引资的根据地。可以肯定的是，在接下来的许多年里，莫阿比特区施普雷河拐弯处将不断上演大兴土木的场景。

为柏林增光添彩的火车站

柏林中央火车站的建造设计及其落实保持了前后一致性，这使德国 GMP 建筑师事务所的建筑师们如愿以偿，能成功地保持该项目作为铁路建筑的特征。以往，火车站人员流动量很大，通常会演变成集服务中心和购物中心于一身的停车站。这方面的负面先例是汉堡阿尔托纳火车站，在战争之前它曾是城市标志性的大门，而如今却沦为寒酸的商场，只留下一个小门洞通往站台。新柏林中央火车站却能成功地保持其旅客流动的作用——乘客来来往往，这才是火车站应有的景象。城市规划的使命就是赋予城市独特的气场，并为市内各个大面积建筑物分工分类，使它们各尽其用。火车站是城市的大门，其最重要的功能之一就是以标志性的建筑结构塑造城市形象。柏林中央火车站就满足了这一要求，当地人对它有认同感，外地游客能很快地认出它来。这对首都柏林而言是件幸事。

世界各地的火车站
——21 世纪初的火车站文化

法尔克·耶格尔

此一时彼一时：火车站功能的变迁

长久以来，火车站已不再是人们寄托思念、离别或兴高采烈抵达的场所。旅行已经变得很平常。人们已经习惯于迅速到达目的地并很快返回。火车站建设的高峰期显然已过，至少在欧洲如此，19 世纪就已经建立起了覆盖整个欧洲的铁路网。当然，第二次世界大战以后，一系列遭到破坏的火车站被重建的新火车站所代替，如波鸿、科隆、阿沙芬堡、维尔茨堡、位于布赖斯高的弗赖堡或慕尼黑。这些新设计的火车站有些基于交通技术方面的原因改变了原来火车站的位置。路德维希港和海德堡放弃了原来的终端站结构，而采用新的建筑形式。新建的火车站当时在建筑技术上也是具有深远意义的建筑，经常出现在有关的图书和专业报刊上。在不伦瑞克市，联邦铁路局也放弃了位于旧城区边不实用的终端站，将其接待大厅卖给了一家银行。联邦铁路局于 1965 年在旧城区南侧 1 公里处新建了直通火车站，然而时至今日，它仍未和旧城区连在一起。

火车站的功能早已发生了变化。通常居于首位的功能是，衔接好各种各样的交通工具。在很少情况下建筑师考虑到了建筑应起到标志性建筑物这一功能。人们期待着建筑师们把火车站建设成令人神往难以忘怀的漂亮建筑的想法则更为少见。

在高度发达的国家里，具有大量分支并服务于整个国家的铁路网，在某种程度上经历了令人痛苦的改造过程。之所以令人痛苦，是因为铁路线正经受经济考验，在出现问题的情况下会停止运行，国家不会给予资助。新铁路线的建设只能采用最高标准和巨大投资，在所有情况下均是高速线，使铁路能在短途运输方面与航空业竞争。因而，火车站，尤其是中央火车站的建设变得非常稀少。

像柏林中央火车站这样的建筑项目几十年以来在欧洲还没有出现过。通常遇到的情况是在旧火车站的位置改建或重建。此外，就是在高速铁路线上建设新的火车站。然而和传统的火车站相比，其明显缺少空间规划，只有很少的直通轨道，没有行李服务，三级以下车站没有候车室，或多或少有一片商店区，一座大的富丽堂皇的接待大厅就用不上了。因此在新建的火车站中，站台大厅代替了传统的、具有象征意义的接待大厅。建筑和大厅，以及建筑艺术和工程设计的二重性不复存在。

就当今新火车站的种类而言，轨道系统的

规模和位置自然始终具有重大意义：是高速铁路的网络节点还是直通车站，轨道线路是相汇还是交叉，线路是高架、地上、地下还是它们的组合。然而现在几乎所有的新火车站都与其他交通工具有很好的衔接，并融合有丰富多彩的商业和娱乐设施，以便利用其很好的可达性和客流潜力。这里火车站的类型可以进一步扩展，从具有明显不同附加功能的（停车场、商业中心、写字楼）建筑学意义上的火车站如柏林中央火车站，到各种功能繁杂且毫无建筑学特点的造型，如秩序混乱的东京新宿火车站，此处火车站或许应加上引号。

研究国内外新火车站能够使我们更深入地观察和更准确地评价柏林新中央火车站。它的类型学方案和建筑学造型，正如前面已经提到的那样，在通透性、逻辑性与可观赏性方面堪称楷模。

伦敦——巨型毛毛虫

"国际滑铁卢"，1990 年投入使用的欧洲之星——海峡隧道列车终端站，显然不是一个好的范例，它实际上是滑铁卢火车站在原有结构基础上的扩建。鸟瞰大厅，它就像一只巨型玻璃毛毛虫。由于地面狭窄，拱形火车站紧靠老火车站轨道大厅的一侧。建筑师尼古拉斯·格里姆肖勾画了一个不规则的玻璃顶结构，它与柏林中央火车站大厅外形有相似之处。当然 8 年之后的柏林中央火车站钢网支撑结构在轻巧方面已经实现了技术上的进步。

格里姆肖在伦敦设计的玻璃大厅横跨在地上二层的 5 条轨道之上。像飞机场那样，出发大厅和到达大厅分离，位于站台之下的地上一层，高于街道平面。可惜它并没有在垂直通透性上取得成功，以至于人们无法辨认方向，只能依靠标示牌指引。从下面大厅上来的旅

客，毫无准备地冲向火车，然后匆忙上车。

里尔——飞毯

欧洲之星（海峡隧道列车）从伦敦出发，穿过海底隧道，开往布鲁塞尔、巴黎、阿维尼翁和法国境内的阿尔卑斯山。把里尔建设成一个火车停靠站和交通枢纽，则是为了区域性发展要求的政治意图——免于转乘 TGV 高速火车。按照雷姆·库哈斯的总体设计方案，20 世纪90 年代已有一个超大型商业中心"欧洲里尔"（建筑师：珍妮·努维尔）和一个会议中心"大皇宫"（建筑师：雷姆·库哈斯）在市中心的边上矗立起来，并且和新的火车站"里尔欧洲"相连接。火车站是为了把欧洲之星和 TGV 连接起来。火车经地下轨道进站，日光通过西面挖开的部位照射进来。售票大厅和入口位于上面一层，从那里有一座"柯布西耶高架桥"通向市中心，向右步行 500 米即可到达承接区间交通的里尔弗朗德火车站，这样就缩短了前往消费中心"欧洲里尔"和两座耸立在火车站之上高层写字楼的距离。所规划的其他写字楼并没有建成。与火车站连接的希望没能实现，也没能形成 1 小时到达巴黎、伦敦和布鲁塞尔的欧洲中心。可能也是因为无法满足旅客换乘方便的要求，以至于建筑物毫无迷人之处。具有独到之处的只有站台大厅和它那在精美枝杈上支承着的、像飞毯一样的吊顶。

里昂——蝴蝶

乘坐 TGV 列车继续向南行驶 4 个小时，我们的建筑师将会更受崇拜。圣地亚哥·卡拉特拉瓦设计了 1989 到 1994 年建造的里昂机场火车站，火车站看起来像一只真实的翼龙，或一只展开翅膀的格里芬（译者注：古希腊神

里昂机场火车站的外景与内景,由圣地亚哥·卡拉特拉瓦设计

话中鹰头狮身长有翅膀的怪兽),或一只巨型蝴蝶,不管怎么说,它正好降落在大厅上。飞机乘客可以通过一个舷梯直接到达这个迷人的标志性建筑里面,并且向下换乘驶入优美的混凝土拱形大厅的列车。没有任何一个地方的旅行能比在由卡拉特拉瓦所设计建筑的地方更美好,他通过建筑来表示运动过程的动力学,他能让混凝土飞起来。

塞维利亚——安达卢西亚的夏季热

在 1992 年塞维利亚世博会时,一个外形另类的火车站诞生了。在世博会召开之际,高速铁路 AVE(西班牙高速铁路的缩写)将这个安达卢西亚的城市与马德里连接起来。此外,AVE 采用独立的具有欧洲标准轨距的轨道系统,旨在以后与法国的高铁 TGV 相连。

借世博会举办之机,塞维利亚的铁路系统得以全面重新修整,影响城市发展的线路得以异地重建,两个中央火车站由一个四通八达的中心站代替。首先在城区内,将铁路干线在容许的范围内移入地平面以下,以解决对城市中心分割的影响。新的圣胡斯塔火车站因此显得像一个终端站,而铁路沿着地平面以下通道继续通往加的斯和里斯本。作为一种旅行经历,火车在市区经地下进站现今已不复存在。这个值得称道的建筑稍微弥补了这一缺陷。塞维利亚建筑师安东尼奥·克鲁兹和安东尼奥·尔蒂斯创作了当时高水平的雄伟建筑,从建筑师的视角来看它也是有序、严谨、令人赏心悦目的。但是,火车站并没有赢得更多的旅客。它的砖瓦和天然石料立面的泥土色彩,表现着安达卢西亚高原夏日的炎热,着眼在"灰色"精神生活上的灰色过于单调。在横向坐落的、规模雄壮的大厅,透过正面的玻璃可以看到铁道。不容置疑,火车站的观赏价值至少体现在站台大厅和每两条轨道上架设的优美的抛物线形穹顶。

过长的道路是火车站功能上的缺陷。像卡塞尔那样无尽的坡道向下通向站台。行李寄存处只能出站后从外面进入。行人同样不喜欢拥有许多沥青小路和停车位的周边环境。不同交通工具之间的快速顺利换乘,设计者显然没有予以充分考虑。

火车站将来仍然只是旅行的一种选择,其原因是火车站远离市中心;并没能将火车站融入到城市结构之中。

里斯本——棕榈树林

同样与世博会有关的是里斯本火车东站（Estasão·Oriente），它于 1993 年开始兴建到 1998 年建成。新建的火车站将新的公交和地铁线路与铁路连接起来，是迄今为止被忽略的城市东部恢复活力的中心和核心，先前该地区为码头和工业区。以动力学设计闻名的西班牙建筑师圣地亚哥·卡拉特拉瓦，以建筑师和土木工程师的双重身份，再一次将结构设计、支撑和负重作为建筑的主题。所以他的建筑得以在里斯本取得成功，火车站以独一无二、独具特色的形状出现。60 个 23 米高的细长树干耸立在 4 个站台之上，其分叉相互连接形成一个轻质的棕榈树顶。在 8 条高架轨道的下方，带有服务设施、咖啡店和商店的中间层分散客流，并在同一高度通向世博园。建筑师在街道平面设计了新主题：在车站横向轴线的两侧，6 个长悬挑屋顶就像舞动的巨型君子兰叶，遮盖住公交车站站台。火车站的中央通向地下，成功地与里斯本东部新建的地铁相连。这个新火车东站不只是通过具有想象力的建筑风格振奋人心，同时它明确的分工、清晰的视野，以及对交通流的分离和组织，同样使人倾心。

毕尔巴鄂——传送机器

毕尔巴鄂市具有宏伟的规划，将阿班德中心火车站改建为换乘站。清晰明了的构造在这座稠密文雅的城市中很难实现。玻璃鳞状拱顶将位于三层狭窄空间的站台、公交车站、优先行驶车道及轿车停车场连接起来。其上方耸立着世界贸易中心的圆形塔楼，其四周是宾馆和写字楼为主的周边建筑，目的在于加强

里斯本火车东站（Estasão· Oriente），同样也是西班牙建筑师圣地亚哥·卡拉特拉瓦的作品

与市中心的紧密联系。但由于缺少世博会的推动，迈克尔·威尔福德计划的实施迄今仍在推迟。

阿恩海姆——混凝土形成的运动流线

荷兰的本·范·伯克尔非常深入地研究了换乘现象。在他把荷兰阿恩海姆新火车站的第一轮方案记录下来之前，研究了穿过这座建筑的客流。65 000 人运用 6 种不同的交通工具：火车、公交车、有轨电车、私人轿车、出租车和自行车，其中有 75% 的人在这里更换交通工具。范·伯克尔制订了交通运输的等级并且优化了交通网络，他将人流密度对道路的依赖减少到最低程度，并且把行人辨别方向的可能性放在首位，由此得出了一个具体化的建筑方案。

地下停车场具有 1 000 个停车位，上面为公交站。在对面，位于铁路和有轨电车车站之间，有一个可以容纳 5 000 辆自行车的自行车停放处。自行车停放处直接通向内部装有空调的场地，与其他交通工具相连。办公区的 1/3 与中心换乘广场相连，另外的 2/3 与拥有 110 套住房的 2 栋高层住宅楼相连。它们作为从远处可以看到的火车站区域路标。在这个

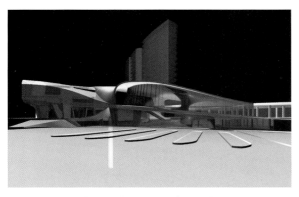

建筑师本·范·伯克尔的阿恩海姆火车站设计方案

复杂完整的规划过程中,没有先进的计算软件是不可能完成的,为此研发了最有效的组织结构。

对地下构件,设计师发明了 V 型结构,即 V 型倾斜的承重墙,上面带有锥型孔,日光可以通过这些孔到达地下各层。

带有换乘大厅的接待楼于 2007 年投入使用。其建筑造型如同莫比乌斯带一样的曲线,其墙壁以连续运动的形态穿入地面和屋顶。因而,建筑所固有的运动流线变为独特的画面,功能上高度优化的交通枢纽站在建筑学上也具有明显的优势。

莱比锡——可俯视的地下购物井庭

于 1915 年投入使用的莱比锡中央火车站,凭借其 26 个站台成为当时欧洲最大的客运火车站。为了缓解当今运力过剩的问题,火车站将东大厅的两个站台改建成停车转乘服务的立体停车场,以达到初步的运输工具转换。一些吸引人的老式火车同样使周围环境增色不少。

购物中心"长廊(Promenaden)"与火车站的一体化却是非常极端的做法。为此,火车站提供了巨大的横向站台大厅。面对众多差别巨大的建筑方案,最后杜塞尔多夫 HPP 建筑事务所(Hentrich Petschnigg und Partner)的方案于 1994~1997 年得以幸运地实施。

使商店区"长廊"向下发展,并且不改变令人难忘的历史建筑,是他们方案的亮点。因此,从大厅向下观看这座消费生活中的井庭,并不是黑暗和令人可怕的,反而是明亮的,并且闻起来有诱人的咖啡店和面包房的味道。电梯与扶梯通向地下二层,那里有各种各样的商店和一个宽阔的美食服务区。

从下面的情况能够看出商业优先原则。从外面进入的通道不知不觉地通向了商业层,想去乘坐火车的旅客反而需要费力爬一层楼。由于这一灵巧的设计,行人和顾客可以自己找到通向最底层"长廊"的路,并且使它生机勃勃,这一点尤为独特。一方面,旅客由火车站广场通过步行通道自动向下到达购物层;另一方面,敏锐的管理部门将两个受人喜爱的廉价商店置于最底层,作为吸引顾客的吸铁石,吸引顾客走到下面去。

多特蒙德——五层楼的购物中心

早在 10 年前,多特蒙德就已经规划建设新中央火车站,以替代老火车站。1997 年,汉堡的博特·里克特·德黑兰建筑事务所(Bothe Richter Teherani)提交了一份引起轰动的设计方案,车站就像一个飞行的盘子,坐落在铁路轨道之上。这个像"飞碟"的设计方案当然没有投资者。直到 2006 年,汉堡建筑师才完成一个被称为"3do"的方案,该方案包括一个跨在铁道之上五层楼高的购物中心和一个引人注目的标志性宾馆塔楼。在总面积为 36 000 平方米的建筑里,有 200 家商店,以及餐厅、电影院和 2 000 个停车位。该火车站以前被讥讽为"与铁路相连的炸土豆片小屋",直到 2008 年才变成一个商业和娱乐中心。人们可能对"飞碟"方案的失败感到遗憾,因为它也有可能成为有特色的建筑物,并

东京新宿火车站风景图,世界最繁忙的火车站之一

且作为多特蒙德中央火车站获得跨区域的声誉。若投资商能使到目前为止的设想成为现实,多特蒙德将成为德国建筑样式发展的终点,也就是说,将城市商业活动尽可能地集中在最佳交通节点上。

东京——有效运行的混乱世界

看一眼就知道,这样的道路通向何方。日客流量为 340 万(相当于整个德国铁路日客流总量的五分之四)的新宿火车站,正在与印度孟买的维克多利亚火车站竞争"世界最繁忙火车站"的头衔。不同于印度宫殿般的建筑,新宿火车站在东京纷乱嘈杂的街道上很难找到。新宿火车站广场上没有其建造年代(1880 年)特有的宏伟门面,也没有覆盖所有站台类似于大教堂拱形建筑的大厅。相反,新宿火车站被大量的购物中心及电影院包围,淹没于大型商场和它们周围几十年中由通道、厅堂、柜台、店铺、60 个入口及站台蔓生而成的网络之中。10 条铁路线和 3 条地铁在地上或地下交汇,乘客们可以在此换车,或者进入周围的娱乐地带、购物中心及 296 米高的市政厅的一间办公室。

想通观全貌是不可能的。对火车站陌生的人们,辨别方向确实不是一件容易的事。如果没有地图,而路标上很少有带字母的标注,那么使人很难穿过这一迷宫式的建筑。东京这座新兴城市的中心看似是毫无规划的,没有欧洲典型的"接待大厅"。相比于这里交通高峰时令人绝望的超载火车和传说中带白手套的"压缩器"继续往车厢里推人,中欧平静的旅行表象反而显得不常见了。

京都——飞机场替代品

乘新干线继续向南行驶约两小时,就到达了具有千年历史的旧京城京都市,这里有让人印象最深刻的日本火车站建筑。1997年,京都为这个新落成的城市入口投入了 18 亿欧元,它每年接待旅客 3 200 万(在一定程度上替代了飞机场,京都本身没有飞机场)。为了节省空间,轨道布置为两层,其中下层为窄轨轨道,上层为新干线高速铁路。另外,地铁线路也在这里交汇。

京都将其火车站作为独特的城市规划中心,并且该火车站在建筑构造上也名扬海外。因此这个建筑明显超出了当地对建筑高度 30 米的限制。巨大的桁架和双塔门高高地举起与街道垂直的玻璃屋顶。火车站内部,玻璃

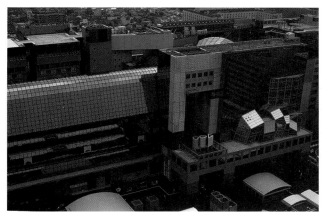

日本京都火车站的外观和内景

拱顶遮盖着由扶梯连接的阶梯式平台。大厅向西延伸到京都格兰比亚饭店,向东至 13 层高的伊势丹商场。大厅上面开口的地方有一个又宽又宏伟的楼梯,楼梯长 60 米,直接能通到屋顶花园。名为"代代康(Daidaikan)"的楼梯特别引人注目,也是年轻人聚集的地方。从楼梯向下观看视野极佳,一览所有餐厅和商场。一个剧院和一个博物馆使服务内容更加丰富多彩。在地下美食街,有各种各样口味的食物,让人们大饱口福。这个火车站显然是作为聚集点和最重要的商务中心而设计的。商业和轨道交通运输系统相融合,主要是为了服务于旅客的流动。

不同于新宿火车站,京都火车站在方向定位上下了工夫。对空间和时间,特殊的地点,宏伟的建筑,都有了不同的感觉。像蚂蚁洞似的新宿火车站那样,京都火车站既现代,又繁忙,且拥挤超负荷运转,但是它并没有丢掉 170 年所形成的作为火车旅行起点和终点的标志。

人们从远东这些极端的例子中能够并且应该吸取的教训是很明显的。柏林中央火车站的设计师们从这些案例中吸取了教训并学到了经验。

北纬 52°31′31″东经 13°22′10″

莱因哈德·阿灵斯

包括波茨坦广场周围的建设,使施普雷河河湾地区成为德国最大的建筑工地。然而在实际的建筑工程开始之前,首先要做大量的咨询评审工作,进行勘探和钻孔,以便获得需要解决的静力学、地质和水力方面问题的概况。还必须弄清历史遗留的情况,如污染物,以及第二次世界大战所遗留的弹药等。建筑工地紧邻施普雷河,可以使大部分建筑材料通过水路来回运输,使建筑期间街面上的公共交通不受影响。为此,所研究应用的建筑物流理论堪称典范。由于紧邻河道,且柏林的地下水位较高,也使基础施工面临严重挑战。在规划的基础下面,钻了约 500 个平均深度为 20 米的探测孔,将得到的数据输入三维地下水的数值模型并进行分析。这里应用了现代建筑化学、建筑物理、建筑物流、静力学和工程学方面的综合知识,其中某些是初次应用,甚至是针对此处给定的环境条件所研发的。基于最新的安全要求和认识,以及这一建筑工程的规模,针对这里所面临的任务,车站使用了大量专门设计和制造的特殊构件,由于完全是首次使用,因此每一件都必须获得使用许可证。尽管做了各种准备、计划和计划变更,仍然遇到了各种各样无法预测的问题,结果使建设工期拖延了数年之久。

建筑技术上的挑战

在柏林中央火车站的建筑区域,在 1 米至 3 米的深度就出现了天然地下水。施普雷河靠近动物园,毗邻的建筑按柏林的习惯都建造在橡木桩基础上,这就使整个建设期间精确的地下水管理尤为必要。采用计算机辅助管理总是能保证地下水位绝不上涨,以免周围遭受水灾;同时,地下水位也绝不下降,以免动物园的水被抽走而危及周围建筑的基础。在周围 4 平方公里的范围内分布着 100 个测量点,在建设期间每小时都检查地下水的水位。如果监控点报告地下水急剧下降,则额外的水通过反渗漏装置流入周围和施普雷河;若水位升高,则应控制水的流入量。为了始终保持施工方法的环保,即不仅要保持地下水位,还要保持地下水的自然流向,针对特殊环境所研究和制订的不同基坑设计,具有重要的现实意义。

在动物园下方的隧道采用暗挖施工法，即在矿山中使用的盾构法。在波茨坦广场采用明挖法和所谓的沉井施工法。

使用环保的"护底护坡施工技术"，形成了9个适用于各自特殊环境的基坑。简言之，首先对每个基坑按其尺寸将连续拼接槽壁打入地基。然后在基坑内灌满水，以便随后在水下（有时候在水下20米和可见度为零时使用潜水队）浇筑混凝土底板。基坑护墙有1.60米厚，30米深，在火车站建筑的正下方深度甚至可达47米。

因为所选混凝土的密度大于水，在基坑中不会与水混合，所以在水下也能制作和凝固。为了建造柏林中央火车站，水下混凝土底板约为10 000平方米，厚度为1.5米。由于底板必须无间歇浇注，因此每天24小时不间断浇注混凝土，共持续了5天。一长串混凝土搅拌运输车行驶在建筑专用公路上，并同时分配给3个泵站，还要注意不让混凝土凝固。

接着抽干基坑内的水，如果地下水能够净化，会重新补充到自然循环中。基坑排水时必须由潜水队全程24小时观测基坑壁，从而不会忽略壁上的渗漏。在这样的一个基坑中平均有170 000立方米的地下水。为了能完成这么大的排水量，所使用的水泵功率为800立方米/小时。可以比较一下，按照这一功率一个游泳池可在1小时内被完全注满。为了建设9个基坑的最后一个，必须在2002年拆除作为建筑文物的老勒尔特城铁车站。

为了建造施普雷河下面的部分，必须将施普雷河的河道（即整条河流）完全改道两年，只有这样才能使火车站最深的一层采用明挖施工。

对勒尔特火车站整个建筑项目，基础施工的挖土量约为820 000立方米，地下水的排水量为1 440万立方米，并且排出的水重新进入自然循环。对环境的干扰相对于建筑项目的规模而言是可以容许的。现在持续作用于底板上的巨大地下水压约为20吨/平方米。

所有至此所描述的，现在很大程度上都看不到了。高度复杂的工程技术，魅力十足的美学建筑，已经在地面上消失。现在仍然使用的是高层建筑坚实的基础。然而摄影师罗兰德·霍恩至少为后人记录下了这一特殊而又消失了的堡垒建筑。

核心部位:8个支柱

基坑排水后，就可以开始骨架建造。在轨道交叉的中心区域，即交叉的中心点是整个火车站的静力中心，坐落在8个所谓的Y形立柱（或者称为4管支柱）上。这种立柱也是新的发明，由轧钢和铸钢组合而成，每组高22米，重约100吨，贯穿整个5层楼。它们把东西向线路的载荷可靠地传递给地基，而不影响车站大厅的内部净空。这些优美的支柱正好位于高架轨道的下方，在上端向上分为4个叉，属于预制件，由特殊的低托盘运输车运送到基坑中。同时使用特殊的吊车，将支柱移到相应的位置，并固定在基础上。仅仅这些立柱的安装就需要3个月的时间。坐落在立柱上的是4座东西向铁路高架桥，包括玻璃屋顶和封闭的拱形建筑——直截了当地说，是整个火车站。

骨架建筑总共需要50多万立方米混凝土，这足以建设65公里的高速公路。平均每天有250名工人在工地上施工，耗时长达9

年之久。柏林中央火车站消耗了近 100 000 吨钢筋(建筑工人称之为"废铁堆"),某些部位密度过高,只能平放施工。此外,钢结构还消耗了 11 000 多吨钢。

许多构件不符合所给定的标准,并且为了满足特殊要求经常达到了制造的极限。特别极端的载荷工况多次迫使采用所谓的"超限个例许可证",这是一种超载标准的特殊许可,只有通过德高望重的专业人士及经过亚琛、不伦瑞克和卡尔斯鲁厄大学合作才能研制和获得。

整个建筑工程的复杂性还表现在,送货和混凝土供应由自己的机构来负责。为此在洪堡港建立了自己的混凝土工厂,其材料的供应主要经施普雷河用船或用铁路运输。只有这样才能使道路交通尽可能地不受影响。为了该建筑共绘制了 36 808 张图纸,然后大量复印。图纸分配和管理中心共制作和分发了 533 185 份。

在柏林中央火车站的建设中,具有轰动效果的创新包括跨越东西线路的两个拱形建筑的骨架。因为运营的轨道交通不允许长期中断,线路上方也就不允许建筑施工,所以两个拱形建筑的钢结构首先从 4 座预装配的塔开始,偏转 90°,建成 70 米高,然后利用两个周末,像开合桥那样一毫米一毫米地翻转在火车站的玻璃大厅上,并焊接在一起。利用计算机控制的液压装置,并用 30 厘米粗的钢索固定,使每座 1 250 吨重的半桥以每小时 6 米的速度下降,按计划到达指定的水平位置。随后,两部分之间 2 厘米宽的间隙被封闭。就像在柏林习以为常的那样,这两个周末对一些好奇的观光客也成了一个小活动项目——他们从施普雷河观看钢架

的翻转。

在两拱之间,随后插入了 210 米长的南北大厅屋顶。至此,最后一个惊人的建筑阶段结束。

高科技工程

汉堡市国际知名的 GMP(Gerkan,Marg & Partner)建筑事务所设计的这一具有多项创新的建筑,其决定性的因素是新柏林中央火车站的重要性,它既是崛起的欧洲与未来柏林的接口,也是欧洲铁路交通网的枢纽。东西方向的玻璃大厅为通风采光的建筑,横跨其上的两座南北向马蹄形玻璃建筑,使火车站显著的特征是交叉点。

为了加宽城铁高架桥,设计了特殊的非常纤细的钢管支柱,从而能够在施普雷河上 23 米的高度,轻松地建筑桥梁。这座 4 排的桥梁总长度约为 440 米,最大宽度约为 70 米。由钢和玻璃构成的大厅跨度为 68 米,以轻拱结构的形式跨在东西线路上。当年的老安哈特火车站,具有当时最大的无支柱车站大厅,其跨度仅为 7 米左右。在新火车站中,轻巧的钢结构玻璃屋顶总长约为 312 米,呈椭圆形跨越在东西方向的 6 条轨道上,其中 4 条用于长途和区间交通,2 条用于城市快速交通。由于工期原因,业主作出了使建筑师和专业人士感到痛苦的决定,将玻璃大厅的最初长度(原计划为 430 米)缩短了约 100 米,使得大厅现在无法遮盖标准的 ICE 城际特快,其比例也显得明显的不对称和不完整。

大厅的屋顶有 1 700 平方米的光电板,是柏林最大的太阳能电站之一,由 780 块高效光电转换板组成,自 2003 年 7 月起每年向

城市电网输电 16 万千瓦小时。其发电量相当于其年耗电量的 2% 左右。高架站台本身由 4 座相互独立的、并排的、基于振动考虑不同长度的桥梁所组成。

城铁站台中间加宽的弓形结构,使得屋顶的 9 117 块复合玻璃板各不相同。钢索最粗有 7 厘米,总长 85 千米,用于张紧拱肋,使屋顶即使为平弧形,也能承受风力和气流的作用:它在细节上也使用了高科技。在屋顶上安装了全自动机器人,即使顶部有电力线路,在列车运行期间也能工作,以保证 2 万平方米的玻璃始终清洁。因此,穹顶被工程师协会称赞为柏林"最具技术挑战的工程"则不足为奇。

即使在 25 米深的隧道中,轨道建设也采用了最新技术。为了尽可能避免列车运行的振动向车站和隧道临近建筑传播,钢轨铺设在所谓的固定道床上,它不是碎石道床,而是混凝土道床。此外,钢轨铺在了具有弹性支撑的道床板上,以提高车辆运行的平稳性和静音性。

长久以来,这一建筑工地简直是全世界工程师和学生的圣地。火车站建设的工程技术成果,以及其创新的建筑风格,使其结构虽然庞大,但并不显笨重和臃肿。柏林中央火车站堪称 21 世纪的世纪性工程,并将像卡尔·弗里德里希·申克尔、彼得·贝伦斯和密斯·凡德罗那样被写入柏林建筑史。

建筑学创新

新的柏林中央火车站是换乘距离很短的中转站:共有 54 座扶梯,49 座直升式电梯,其中 6 座为玻璃观光电梯,它们以惊人的方式使火车站更加真实。5 座固定楼梯所连接的高度差可达 27 米,所提供的交通面积总共约为 430 米×430 米。残疾人可以无障碍地到达所有区域。精心设计的各楼层和屋顶开口天窗系统,使日光能照到所有楼层,以营造友好透明的氛围,这种良好透视感使得乘客特别容易辨识方位。火车站上约有 150 名工作人员为旅客提供服务。

火车站共有 5 层。在负 2 层,即在路面以下 15 米处,是 4 个长途列车站台和 8 条南北向轨道。(将来)直接与同一层的地铁和轻轨相连。往上 10 米,即在负 1 层,是停车场入口,场内可停放 900 辆轿车。从联邦 96 号公路隧道出发,平行于远程铁路隧道,下面横穿动物园就到达停车场。

最后到达地面,即 0 层(译者注:德国的第 0、1、2 层分别对应中国的 1、2、3 层),从这里开始欣赏:在两座 10 层的马蹄形建筑之间,是敞开的通风透光的中央进站大厅,面积为 80 米×80 米,它能产生惊人的视觉效果,也许会有人联想起詹姆斯·邦德影片中的场景建筑。美中不足也是在此处,最底层的大厅天花顶面最终没有遵循建筑原始设计,最初设计的是由拱、弦和横梁所组成的教堂式屋顶,现在改为简约的平面屋顶。建筑师认为这样做最终深深地损害了其版权,现在正由法院处理此案。

印象与全貌

在某些位置,可以看到所有的楼层和整个结构:若站在第 2 层,可以看到 10 米之外细高立柱支承的东西高架站台,上面行驶着长途列车和城铁列车;也可以看到地下 15 米南北向列车进出车站。在这里可以真实地感觉到所处的是铁路的交叉点。6座玻璃观光电梯将各层联系在一起。其间的第1层有商店和饮食业店面，掠过施普雷河可看到国会大厦的"云顶阁"餐厅，以及带有互联网上网位置的铁路休息室和观光座位。此外，还规划有票务中心、购物中心、快餐中心和其他服务设施。火车站最高的建筑是位于南侧60米高的烟囱，它由27 000块玻璃砖建造，内部提供照明，用于B96号公路隧道和停车场的通风换气，借此从市内很远的地方就能看到火车站的位置。从地下最低点至最高点，火车站的垂直高度有100多米。

当火车站完工投入使用后，楼面总面积为70 000平方米，有15 000平方米用于商业和饮食业，相当于柏林著名的西部百货公司（Ka De We）的营业面积的1/4。仅仅两座侧置面为马蹄形的建筑，就可提供42 000平方米，能够提供650个就业机会。

人们可以从四面进入明亮的大厅。由于没有坚实的墙壁，室内和室外感同时消失。向外通往站前汽车站的道路，进一步延伸到市区。这里，火车站还是一颗大钻石。在施普雷河南岸是"乔治·华盛顿广场"——首先自然仅仅是临时装饰——带有露天台阶，规划的露天水族馆，林荫大道和长椅，旅客可以自由观光施普雷河及议会和政府建筑。对此，联邦和州政府共投资470万欧元。按照奥斯瓦尔德·马蒂亚斯·翁格尔斯和马克思·杜勒的设计，柏林中央火车站周围是全新的街区，包括写字楼和酒店。对此中央火车站成为（还必须是）其推动力。位于东侧的老洪堡港被柱廊所围住。车站西侧为砌体式写字楼，与铁路线垂直，从而火车站与城市景观融为一体。

城市发展潜力

洪堡港的发展潜力，将和中央火车站一起，激起这一区域深层次都市化。在北部的出入口，将建立小型但繁忙的"欧洲广场"，同时作为火车站的站前广场。德国铁路股份有限公司总部将设在这里，或者设在将来所建造的162米高的铁路塔楼上，或者设在火车站的两个马蹄形建筑中，它们之间用空中走廊相连。

柏林再次向人们展示全新的景象。此前，该火车站北部是个边缘地带，现在被中央火车站推向了城市中心，变为全新的城区：柏林汉堡火车站现代艺术博物馆，德国建设、交通和经济部，世界著名的自然博物馆，查理特大学附属医学院等，都可以步行到达。在柏林中央火车站半径约为2公里的范围内，旅客可以自由参观柏林市中心。南出口的前面是一座新步行桥——古斯塔夫·海涅曼桥，几乎可以直接通往德国国会大厦和总理府。如果是来休闲，并且不带行李的话当然最好，多数景点可以步行到达，当中包括议会和政府建筑的"联邦纽带"，市内的多个部委，德国联邦当局记者招待会大厅，带有大星转盘胜利女神像纪念塔的6月17日大街，勃兰登堡门和巴黎广场，艺术科学院，以及菩提树大街的林荫大道。沿着施普雷河一直往前，是一条环境优美的道路，经过河湾公园，进入市中心，到达威廉大街和博物馆岛。远方出现的是动物园中心的胜利柱，该公园也是柏林的"中心公园"。或者在火车站前租一辆联邦铁路所提供的银灰色自行车，开始一趟完全个性化的旅行；或者叫一辆三轮出租车；或者登上蒸汽船，从水上参观城市……城铁列车沿东西铁路飞快驶向城东或城西。这里距具有许多新建筑的波茨坦广场,欧洲的第一个交通灯,以及马丁·格鲁皮乌斯大楼只有一站之远。画廊文化论坛,新国立美术馆的密斯·凡德罗建筑,弗里德里希大街的行人,宪兵广场周围的商店以及德国和法国教堂,都欢迎游人的到来。

随着柏林中央火车站的建成,城市变为另一种景象。

前往柏林的旅行不再是不尽人意的东部极点之旅,而是进入欧洲的中心。

大事年表

1993 年 3 月 26 日　　**建筑设计单位招标**
1992 年 9 月,德国联邦铁路公司委托约瑟夫 – 保罗·克莱胡埃斯教授和建筑设计师迈因哈德·冯·格康进行项目研究,最终德国 GMP 建筑事务所中标。

1995 年 9 月 12 日　　**确定南北交通连接的最终规划设计**
1992 年 7 月 15 日,德国联邦内阁最终决定采用"蘑菇方案",即关于柏林中央火车站的含有南北长途铁路线方案。1993 年秋天,确定了中心区域 (公路隧道 B96,地铁 5 号线,长途铁路隧道) 的交通总体设计方案。

1995 年 10 月 13 日　　**柏林中央火车站正式动工**

1996 年 4 月 1 日　　**将第一个基坑发包给建筑公司**

1998 年 9 月 9 日　　**奠基仪式**
德国交通部部长马蒂亚斯·威斯曼,柏林市执政市长埃伯哈德·迪普根及铁路负责人约翰内斯·路得维希博士出席了柏林中央火车站奠基仪式。

1999 年 9 月 9 日　　**洪堡港大桥建成**
约 240 米长的大桥跨过洪堡港口,支承起东西方向的城铁。

2000 年 2 月 1 日　　**东西方向铁路的钢支柱竣工**
支撑东西铁路的 8 根五层楼高的四角 Y 形支柱建成。

2000 年 2 月 5 日　　**东北铁路桥动工**
在南北交通连接的最北边,开始用节块推进施工法建设东北方向的铁路桥。桥梁共有 16 节,每一节即所谓的节块,直接在特格尔大街附近桥台上的节块推进装置上浇注,然后逐节向前推进。

2000 年 6 月 15 日　　**火车站地下大厅第一部分竣工**
15 米高的大厅屋顶由 45 根钢支架托起。140 米长,150 米宽的施工部分覆盖了火车站大厅及相邻联邦公路 B96 和地铁的隧道结构。

2001 年 1 月 10 日	**北部基坑缓慢施工** 基坑采用护底护坡施工技术。自从 2000 年 12 月初,1.5 米厚的水下混凝土底座浇筑完成后,基坑得以缓慢施工。大约有 200 000 立方米的水被抽出。
2001 年 3 月 16 日	**东北铁路大桥竣工** 跨过佩勒贝格大桥的东北铁路大桥的最后一段完工。东北铁路大桥的建成,使得从中央火车站地下开出的火车(南北交通连接线)能够开往健康之泉方向。
2001 年 4 月 25 日	**东西桥梁的第一段竣工** 东西桥梁的第一段骨架建成。
2001 年 5 月 7 日	**东西屋顶的第一段屋架运抵现场** 东西屋顶的第一段屋架运抵柏林中央火车站的工地。
2001 年 8 月 29 日	**东西铁路线竣工** 最后一段桥梁的混凝土浇筑完成后,东西高架铁路线完成。
2002 年 2 月 1 日	**第一段屋架封顶庆典** 柏林市执政市长克劳斯·沃维莱特和铁路负责人哈特穆特·梅多恩出席了第一段屋架的封顶庆典。
2002 年 6 月 16 日	**城铁转线** 城铁线路开始向柏林中央火车站的新高架桥转线。
2002 年 7 月 4 日	**第一辆轻轨列车进站** 第一辆轻轨列车停靠在了柏林中央火车站——勒尔特火车站的新站台上。
2002 年 7 月 25 日	**拆除勒尔特城铁车站**
2002 年 9 月 9 日	**新站名** 勒尔特火车站有了新的名字:柏林中央火车站——勒尔特火车站
2002 年 10 月 1 日	**最后的基坑开始施工** 基坑西墙的 66 根钢板桩墙柱的第一根插入地下。
2002 年 11 月 11 日	**老洪堡港大桥开始拆除** 20 块每块重 85 吨的桥面板的第一块被拆除。

2003 年 3 月 26 日	**最后的基坑开始挖掘**
	开始最后基坑的挖掘。

2003 年 6 月 19 日	**公路隧道第一块基底浇注**
	在基坑 B 中浇注公路隧道 B96 的第一块基底。

2003 年 11 月 1 日	**开建轻轨站台**
	中央火车站的第一个站台——城铁轻轨站台开始建设。

2003 年 11 月 27 日	**轻轨站台的一侧竣工**
	由天然石块铺装的轻轨站台的一侧建成。两天之后,开始了 B96 号公路隧道的最后一块隧道顶板的浇注。

2003 年 12 月 2 日	**基坑 B 的东部开始浇注**
	基坑 B 东部的水下混凝土底板开始浇注。2004 年 2 月柏林中央火车站最后基坑内的水被排干。

2004 年 5 月 28 日	**拆除最后的隔离墙**
	最后一段长 150 米,深 25 米,宽 1.5 米的隔离墙被完全拆除。

2004 年 6 月	**通风烟囱竣工**
	停车场和公路隧道的通风烟囱建成,在火车站的地下开始了弹性和固定道床的建设。

2004 年 7 月	**开始内装工作**
	由 ARGE 设备公司承担这项工作,开始安装设备,特别是暖气、通风、空调和供水系统。

2004 年 8 月	**地下铁路铺轨**
	在火车站地下北部铺设第一段钢轨。城铁线路和东西铁路的 3 个站台全部由天然石块铺建而成。

2004 年 9 月	**54 个扶梯中的第一个开始安装。**
	火车站地下北部的有争议的平屋顶也开始安装。

2004 年 11 月	**马蹄型建筑动工**
	4 个弓形底座的混凝土型芯首先建至 48 米。

2005 年 6 月	**完成轨道建设**
	南北隧道完成最后一段铺轨,铺轨工作结束。

2005 年 7 月 6 日　　**长途交通理念的实施**

在 2006 年 5 月 28 日南北隧道运营后,联邦铁路公司开始实施长途运输理念。这预示着动物园火车站停用。公路长途交通将在动物园隧道聚集。

2005 年 7 月 29 日　　**第一座马蹄型桥放平**

22 点开始完全关闭城铁,为了将第一个(西面的)马蹄型桥放平,早在傍晚的时候,两段各为 1 250 吨重,43 米长的桥段分别转动到与水平线成 9°夹角的位置,以便安装升降装置。尽管整个晚上气象条件都很恶劣,星期天 9 点 25 分两段马蹄型桥还是水平地连接在火车站屋顶上。

2005 年 8 月 13 日　　**第二座马蹄型桥放平**

13 点第二座(东部的)马蹄型桥放平。桥的两部分焊接在一起,随后马蹄型建筑的钢结构、混凝土芯和混凝土封顶完成。

2005 年 8 月 20 ~ 21 日　　**第一段南北屋顶安装**

安装南北玻璃屋顶的第一段。每段长 26 米,重 226 吨,用绳索牵引,在特氟隆轨道上滑行,跨过 41 米宽的柏林城铁线路。

2005 年 11 月 14 ~ 17 日　　**推入第三段也是最后一段屋顶**

马蹄型建筑之间的东西屋顶的空缺被补上。

2005 年 11 月　　**扶梯安装完毕**

火车站的 54 个扶梯安装完毕。

2006 年 2 月　　**店铺出租**

所有的 80 家店铺全部出租。零售商和连锁店可以每星期 7 天从早 8 点到晚 22 点开门营业。

2006 年 2 月 2 日　　**南北线路通电**

南北交通的整个路段通电,9 公里长 4 个轨道的架空导线接通。

2006 年 2 月 6 日　　**铁路工程设备验收**

铁路工程设备的测试和检查开始进行。

2006 年 2 月底　　**拆除脚手架**

拆除火车站大厅玻璃立面的脚手架。

2006 年 3 月 4 日　　**第一辆 ICE 穿越隧道**

为了测试,第一辆 ICE 穿过新中央火车站的南北隧道。

报道的设想
罗兰德·霍恩

罗兰德·霍恩生于 1964 年，接受过工业和广告摄影职业培训。在汉堡做过两年的助手，为了能与摄影师吉姆·瑞克特一起工作而来到柏林。在柏林剧院从事灯光技术一年之后，独立创建了自己的摄影工作室。

从那时起，他还承担摄影报道和广告代理项目。此外，他还出版了画册：《钢铁与光线》，关于索尼中心广场屋顶建设过程和建筑工人的报道；《柏林的大动物》，关于柏林动物园稀有动物的照片；《工程师的火车站》，关于柏林新中央火车站建筑工人和骨架建造的图书。

柏林中央火车站建造过程的照片，在德国技术博物馆 2006 年 5 月底举办的大型展览中得以展出。

2004 年 5 月，罗兰德·霍恩荣获贝尔格莱德专业摄影一等奖。在世界影像博览会上，他被授予"欧洲公认的摄影师"称号。

"当我 1998 年第一次带着相机进入当年勒尔特火车站建筑工地时，马上就意识到，这是一项多么雄伟的建筑工程。这不是现有车站的改建或扩建，而是百万人口大城市中心的全新中央火车站。紧邻施普雷河和总理府，建起一座巨大的交通枢纽，这在柏林是前所未有的。

空旷混凝土大厅的气氛，立刻吸引住了我。版画般的形状使我痴迷：仍然赤裸的、没有抹灰的建筑屋顶，使我联想起大教堂的情景，还有那些上面没有放置上顶板的巨大钢柱，它们如同一根根巨大的钢针刺向苍穹，而在旁边焊接、弯曲钢筋和浇注混凝土的工人，相比之下就像勤劳的蚂蚁。

这些激动人心的场景，我必须抓拍下来。现在火车站已经建成，呈现出另一种面貌。当时那巨大空旷的混凝土大厅，现在已经充满了大都市的活力。

我希望用我所拍摄的照片向人们展示，在如此雄伟的工程背后，隐藏着多少艰辛的劳动。"

景　象

罗兰德·霍恩

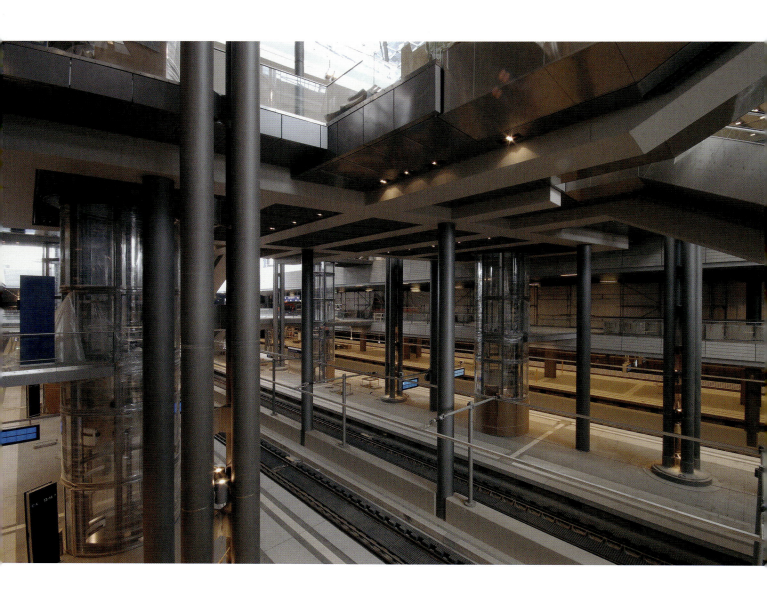

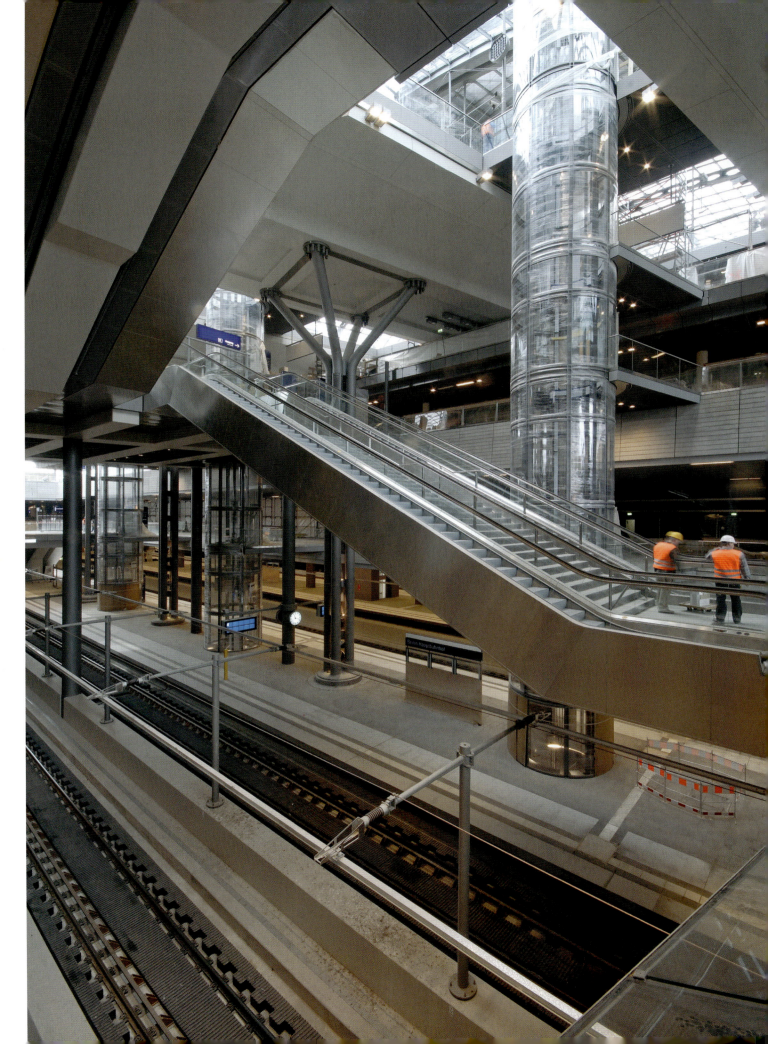

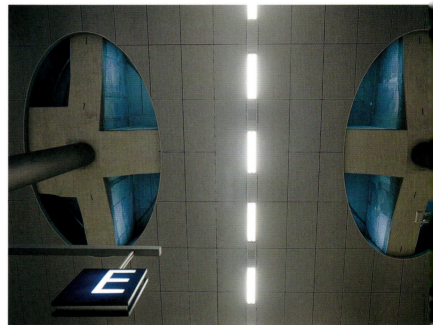

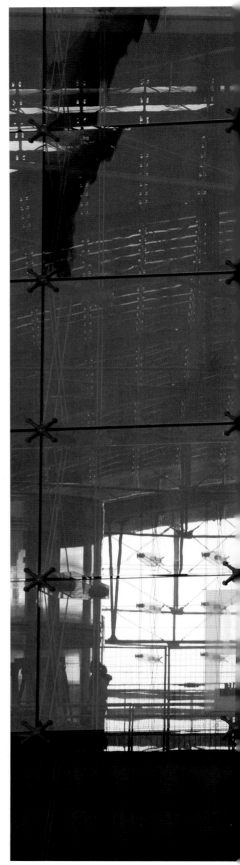

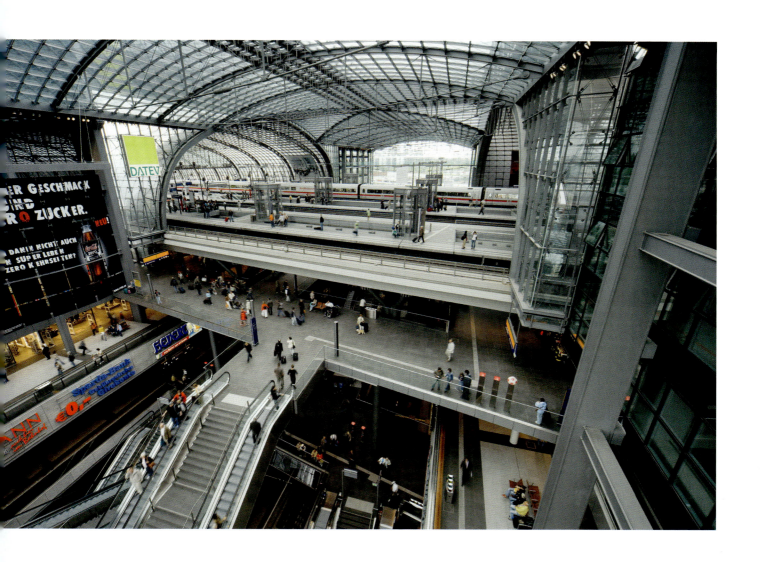

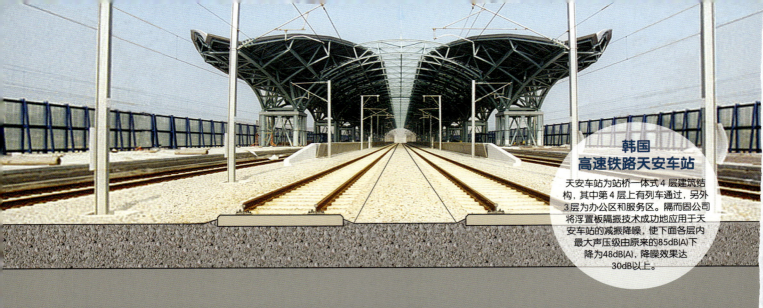

**韩国
高速铁路天安车站**

天安车站为站桥一体式4层建筑结构，其中第4层上有列车通过，另外3层为办公区和服务区。隔而固公司将浮置板隔振技术成功地应用于天安车站的减振降噪，使下面各层内最大声压级由原来的85dB(A)下降为48dB(A)，降噪效果达30dB以上。

GERB 隔而固

钢弹簧浮置板道床

隔而固公司于1908年在德国柏林成立，是国际上大中型设备和建筑工程减振领域著名的专业跨国公司，其减振降噪技术已广泛应用于地铁、建筑、电力和工业设备等众多领域。在建筑和道床隔振方面，全世界共有100多座建筑和上百段道床采用了隔而固的隔振技术。1998年隔而固中国分公司在青岛成立，提供与减振降噪有关的技术咨询、方案设计、分析计算、施工图设计、隔振器制造安装、振动测试等全面服务。